FLORA MIQUELONENSIS

FLORULE DE L'ILE MIQUELON

(Amérique du Nord)

ÉNUMÉRATION SYSTÉMATIQUE AVEC NOTES DESCRIPTIVES

DES

PHANÉROGAMES, CRYPTOGAMES VASCULAIRES, MOUSSES, SPHAIGNES, HÉPATIQUES ET LICHENS

PAR

Dr E. DELAMARE, F. RENAULD, J. CARDOT

LYON
ASSOCIATION TYPOGRAPHIQUE
F. PLAN, rue de la Barre, 12.

1888

FLORA MIQUELONENSIS

FLORULE DE L'ILE MIQUELON

(Amérique du Nord)

ÉNUMÉRATION SYSTÉMATIQUE AVEC NOTES DESCRIPTIVES DES PHANÉROGAMES, CRYPTOGAMES VASCULAIRES, MOUSSES, SPHAIGNES, HÉPATIQUES ET LICHENS,

PAR

Dr E. DELAMARE, F. RENAULD, J. CARDOT

AVANT PROPOS

Il faut remonter à De la Pylaie pour trouver trace des premières recherches botaniques faites aux îles Miquelon. Cet explorateur, outre quelques Phanérogames, Mousses et Sphaignes, avait principalement recueilli des Algues dont une liste a été publiée succinctement par M. Gauthier, pharmacien de la marine, dans sa Thèse pour l'obtention du grade de pharmacien universitaire (Montpellier, 1866). A notre connaissance, ce dernier ouvrage est le seul qui traite de la botanique de Miquelon postérieurement à l'année 1816. On y trouve une liste assez complète des Phanérogames et des indications sommaires sur les Mousses, les Lichens et les Algues.

Pendant un long séjour dans ces îles, le Dr E. Delamare a complété par de nouvelles recherches les découvertes de Gauthier relativement aux Phanérogames, puis a récolté des Mousses, Sphaignes, Hépatiques et Lichens dont les listes succinctes ont été publiées dans diverses Revues périodiques (*Bulletin de la Société botanique de France*, *Revue bryologique* de M. Husnot, *Revue mycologique* de M. Roumeguère).

Notre intention était d'abord de nous restreindre à la Bryologie de Miquelon, afin de combler une petite lacune dans les importants travaux de M. Bescherelle sur les Mousses des colonies françaises ; mais nous avons pensé qu'il y aurait avantage, pour mieux caractériser la physionomie générale de la végétation de ces îles, à réunir en un seul mémoire les données relatives aux autres groupes de végétaux, afin de faire ressortir la concordance qui existe entre eux.

Chapitre premier

Description sommaire. — Topographie. — Géologie. — Climat.

L'île Miquelon, dont celle de Saint-Pierre est séparée par un détroit d'une lieue de largeur environ et improprement nommé « La Baie », est comprise entre les 47° 8' et 48° 17 latitude nord, et les 58° 40-59° longitude ouest. Sa plus grande longueur est de 36 kilomètres ; sa plus grande largeur, de 24 kilomètres. La superficie = 18,423 hectares.

Elle se compose de deux parties jadis séparées par une passe accessible aux navires et qui est comblée par les sables depuis 1783. L'une de ces parties est la grande Miquelon, l'autre Langlade ou petite Miquelon. Elles sont reliées l'une à l'autre par un isthme long d'au moins trois lieues. La plus grande partie du nord de l'isthme est occupée par le *Grand-Barachois*, vaste lac qui communique avec la mer, par des pâturages et des marais ou plutôt des plaines marécageuses au milieu desquelles s'élèvent çà et là une demi-douzaine de fermes ou de parcs à bestiaux dont les produits se composent de foin, de beurre et de légumes divers. Ces plaines sont bordées à l'ouest par une série de dunes élevées qui les isolent de la mer. Ces dunes sont à peu près le seul terrain d'alluvion à noter.

L'isthme est entièrement sablonneux dans son extrémité ; c'est la dune de Langlade, à l'aspect sinistre, aux souvenirs lugubres, où l'on heurte à chaque pas des épaves de navires à moitié ensablés. La formation de cette dune, comme celle du plateau qui porte le nom de plaine de Miquelon, et sur lequel a été élevé le bourg de ce nom, est probablement due à l'action séculaire des banquises entraînées du pôle nord par les courants. Les dunes ont été le résultat de poussées successives de sables et de galets. C'est de cette manière qu'a pris naissance le plateau ou plaine de Miquelon, formée d'une série de tertres concentriques alternant avec des ravines ayant la même direction que les tertres qui les séparent, et constituée par des bancs de galets. Jadis boisée (il y a un siècle), elle est entièrement nue aujourd'hui et ne s'élève, comme la dune de Langlade, que de quelques mètres au-dessus du niveau de la mer.

Configuration de la côte. — Le littoral de l'île, très irrégulier, ne présente des pentes adoucies pour former des plages que dans l'isthme qui sépare les deux îles et dans la plaine sur les bords de laquelle a été construit le bourg de Miquelon ; encore ces plages sont-elles le plus souvent bordées, à peu de distance de la mer, par une ceinture de galets (bancs de galets). Partout ailleurs ce sont d'énormes cailloux qui découvrent à marée basse et prolongent les dangereux hauts-fonds sous-marins (bosses) qui avoisinent la côte, ou bien des falaises accores qui tantôt s'abaissent et se creusent pour donner passage à de petits ruisseaux, et tantôt se dressent escarpées, taillées à pic, en atteignant en quelques points, au Cap, par exemple, plus de 200 mètres d'élévation. La mer y a creusé une succession non interrompue de criques, de fentes et de déchirures, mais nulle part un bon port.

Intérieur de l'île. — A partir du littoral s'étendent des plaines d'une assez grande superficie, bornées par des éminences aux pentes plus ou moins rapides, au-delà desquelles se trouvent encore d'autres plaines, puis des collines s'étageant en amphithéâtre, et enfin des « mornes » ou montagnes qui bordent l'horizon. La plus élevée de celles-ci ne dépasse pas 250 mètres ; tel est l'aspect intérieur de l'île.

Les plaines, vastes solitudes que le soc de la charrue n'a jamais remuées, sont occupées dans la plus grande partie par des tourbières sur lesquelles se développe un inextricable et spongieux tapis de Mousses, de Sphagnum et de Lichens. C'est là aussi que se trouvent la plupart des plantes vasculaires : *Kalmia*, *Myrtillus*, *Juncus*, *Carex*, *Rubus chamaemorus*, etc.

L'aspect des mornes n'est guère plus riant que celui des plaines dont ils sont les aboutissants ; leurs sommets sont dégarnis. Quelques-uns sont recouverts d'une légère couche d'humus. A leur pied s'étalent des taillis ou bouquets d'Aulnes et de Sapins rabougris qui se détachent en bandes verdâtres sur leurs flancs, le long des ravins dont ils sont creusés. A Langlade, ou petite Miquelon, ces arbres sont d'une plus belle venue qu'à la grande Miquelon et atteignent 6 mètres de hauteur.

Au fond des ravins, à l'abri desquels se développent cette végétation arborescente et les buissons baccifères du nord, circulent de minces filets d'eau qui, en avril, deviennent de petits torrents. Descendus dans la plaine, ils s'y élargissent fréquemment au-dessus d'un fond tourbeux reposant sur une couche d'argile, pour former des mares d'eau, de petits étangs et des marécages dont la tremblante surface n'est pas toujours sans danger. Ils communiquent entre eux par des anastomoses multipliées et constituent les affluents des ruisseaux dont les principaux sont : à l'ouest, la Carcasse, le Renard, le ruisseau de la Mère-Durand ; à l'est, la Carcasse de l'est, la Terre-Grasse, Sylvain, la Demoiselle, le ruisseau du Cap-Vert, etc. Le cours d'eau le plus important de Langlade est la Belle-Rivière, dont les bords rappellent quelques-uns des plus beaux sites de la Bretagne. Ces cours d'eau, larges au plus de 3 mètres et à peine profonds de 1 mètre, sont tous guéables et se déversent soit à la mer, soit dans les champs voisins du littoral. Quelques étangs sont à la fois profonds et étendus. Tels sont ceux du Cap-Vert, de Mirande et surtout le grand étang de Miquelon, dont la longueur est de 3,341 mètres, et dont la profondeur varie de 3 à 5 mètres.

Aperçu géologique. — A notre connaissance, aucun travail sérieux n'a été fait sur la géologie de l'île. D'après la carte de Murray (*Geological map of Newfoundland*), il existe au N.-O. du cap Miquelon une zone étrroite de roches trapéennes à laquelle succède jusqu'au cap Blanc le terrain laurentien. Vient ensuite le terrain huronien jusqu'à l'isthme de Langlade. Les terrains de Langlade sont presque entièrement primaires (*primordial*), à l'exception d'une zone trapéenne qui s'étend du N. au S. jusqu'au cap d'Augeac. Ces divers terrains sont les prolongements de ceux de la presqu'île terre-neuvienne qui avoisine Miquelon, comprise entre les baies de Fortune et de Plaisance. D'après Gauthier, pharmacien de la marine, les îles Saint-Pierre et Miquelon sont presque entièrement formées de porphyres pétro-siliceux bruns, rouges ou violâtres injectés de quartz opaque et quelquefois cristallisé. C'est à peine si l'on peut voir sur quelques points toujours très restreints les poudingues et les grès de la formation houillère au travers desquels a eu lieu l'éruption porphyrique, les brèches qui l'ont accompagnée et les roches verdâtres auxquelles il faudrait peut-être attribuer une origine trapéenne.

Au-dessus de ces différentes roches se trouve une légère couche d'argile, puis vient une couche de tourbe variant de 50 centimètres à 3 mètres d'épaisseur. L'île, dans les plaines, n'est qu'une vaste tourbière. C'est sur cette surface toujours humide, quand elle n'est pas un véritable marais, que s'étale l'épais tapis de Mousses et de Lichens qui donne à la flore de ce pays un faciès jaunâtre et malingre dont le voyageur est frappé à première vue.

Climat. — Le climat de Miquelon a un caractère maritime manifesté par une différence hiverno-estivale de 18 degrés. Les observations de trois années donnent les moyennes suivantes pour les saisons :

Hiver................	—	4°,2
Printemps............	+	3°,7
Eté..................	+	13°,8
Automne.............	+	7°,5
Moyenne de l'année...	+	5°,2

Ces moyennes diffèrent peu de celles de Saint-Jean de Terre-Neuve (hiver — 5°, été + 12°,5) ; mais, dès qu'on aborde le bassin du Saint-Laurent, le climat devient beaucoup plus continental ; ainsi, à Québec, situé à la latitude de Miquelon, avec une même moyenne annuelle de 5 degrés, l'hiver a — 10°,6 et l'été + 20°,6, ce qui porte la différence hiverno-estivale à 31°,2. Le climat devient de plus en plus excessif à mesure qu'on s'avance dans l'intérieur du continent américain ; à Winnipeg, dans le Manitoba, au 52e degré de latitude, la moyenne de l'hiver est de — 17°, et celle de l'été de + 17, avec des minimas et des maximas absolus qui ont atteint — 41°,9 en janvier 1874 et + 37°,5 en août 1872.

A Miquelon, rien de semblable ; l'hiver est très long plutôt que rigoureux, les minimas s'abaissent rarement au-dessous de — 20 degrés centigrades, et les basses températures varient en général entre — 14° et — 16°. En revanche, les étés manquent de chaleur et les maximas absolus dépassent rarement + 22 degrés.

Les moyennes pluviométriques accusent de 1000 à 1200 millimètres d'eau tombée annuellement. Les premières neiges font leur apparition parfois en octobre, d'autres fois en novembre, mais ce n'est guère que dans la dernière moitié de ce mois qu'elles s'établissent d'une manière permanente pour ne disparaître complètement qu'en avril. C'est donc surtout depuis cette époque de l'année jusqu'au mois de novembre qu'il est utile de connaître le régime pluvial ; or, la moyenne de deux années consécutives nous a donné, comme nombre de jours de pluie, les chiffres suivants :

	Pluie	Brumes	Neige
Avril...........	12 jours	14 jours	4 jours.
Mai.............	16 »	16 »	3 »
Juin............	10 »	16 »	3 »
Juillet..........	16 »	21 »	» »
Août............	15 »	14 »	» »
Septembre.......	11 »	9 »	» »
Octobre.........	16 »	4 »	2 »
Novembre.......	12 »	3 »	6 »

Bien que, dans ce tableau, quelques jours se trouvent compris à la fois comme pluvieux et brumeux, il n'en ressort pas moins que l'humidité est grande pendant la période où la terre est découverte et le ciel le plus souvent sombre, ce qui diminue l'insolation et explique la faiblesse de la moyenne de la température de l'été. Si l'on considère, en outre, que, par suite du relief du terrain et de sa constitution physique, l'eau est constamment maintenue à la surface du sol, on se rendra facilement compte de l'abondance des tourbières qui trouvent là les conditions les plus propres à leur développement.

A Miquelon, les vents sont aussi fréquents que violents et nuisent beaucoup à la végétation. Ce sont ceux de l'O. qui dominent, ceux d'entre-est et sud-ouest par le sud sont appelés *assuétie*, ils donnent un ciel brumeux et de la pluie ; les grands vents du N.-E. au N.-O. par le nord prennent le nom d'*anordie* et sont généralement accompagnés d'un ciel clair.

Chapitre II

Énumération systématique des espèces.

PHANÉROGAMES

L'énumération suivante comprend les plantes récoltées par le Dr Delamare et dont les différents types offerts en nature au Muséum de Paris et présentés en 1885 à l'Exposition universelle d'Anvers ont été étudiés par M. Llyod, assisté par M. le Dr Viaud Grand-Marais et revus par le Dr Bonnet (du Muséum), qui a bien voulu communiquer au Dr Delamare environ 120 de ses déterminations.

A la liste des plantes spontanées on a cru devoir joindre celle des plantes potagères ou d'ornement qui sont cultivées avec plus ou moins de succès dans la colonie, afin d'apporter un élément de plus à la connaissance de sa végétation.

M. Durand, botaniste à Bruxelles, a bien voulu nous donner des renseignements sur l'aire de dispersion des espèces.

Un assez grand nombre de plantes phanérogames signalées à Miquelon par Gauthier et d'autres observateurs n'ayant pas été retrouvées par le Dr Delamare, il ne faut pas en conclure qu'elles n'existent pas dans notre colonie ; nous les avons indiquées afin de provoquer de nouvelles recherches (1). Elles croissent d'ailleurs au Canada dont la flore de Miquelon n'est qu'un reflet. Toutes, si ce n'est peut-être le *Diapensia lapponica*, se retrouvent dans la zone que l'abbé Provencher avait choisie pour champ de ses observations, zone comprenant plus de huit degrés de latitude entre les 50e et 42e parallèles et circonscrite au nord-ouest par la chaîne des Laurentides, au sud-ouest par les lacs Erié, Ontario et par les Alleghanies. Quelques-unes habitent également les provinces anglaises du golfe du Saint-Laurent, les États limitrophes des Haut et Bas-Canada (Maine, Massa-

(1) Langlade ou petite Miquelon ayant été beaucoup moins bien explorée que la grande Miquelon fournira sans doute de nouvelles espèces à ajouter à nos listes.

chussets, Vermont, New-York, etc.) et le territoire du nord-ouest jusqu'aux montagnes Rocheuses. La réciproque est loin d'être vraie et plus de soixante familles indigènes dans cette vaste région n'ont aux îles Saint-Pierre et Miquelon aucun représentant.

Il est probable que cette concordance entre le Canada et Miquelon se maintient au nord des Laurentides et que l'élément méridional ou plutôt tempéré diminuant peu à peu à mesure qu'on se rapproche des régions circumpolaires, il ne reste plus à l'actif des flores de la terre de Rupert, de la baie d'Hudson et du Labrador que des plantes alpines ou arctiques qui sont précisément celles qui dominent à Miquelon et lui donnent sa physionomie spéciale. Quant à la grande île de Terre-Neuve, son climat diffère trop peu de celui de notre colonie pour que l'identité des deux flores puisse être mise en doute.

Lorsqu'il est question de concordance, cela doit s'entendre du nombre des espèces, mais non de leur développement. On ne doit pas, en effet, perdre de vue que le climat de Miquelon est essentiellement marin. Bien que ses hivers soient beaucoup moins froids que ceux du Canada (1), ses étés sont aussi moins chauds ; il jouit de plus du fâcheux privilège de la permanence et de l'intensité des vents, dont l'action sur les végétaux est pernicieuse. Les Conifères n'ont pas l'élévation et les dimensions majestueuses de leurs congénères canadiens ou de Terre-Neuve ; rabougris et souvent rampants à Saint-Pierre et à la grande Miquelon, les arbres n'atteignent pas une longueur de dix mètres à Langlade, où cependant un certain nombre d'individus sont suffisamment abrités. Le souffle des vents n'est guère moins funeste à la végétation herbacée. Il en résulte un appauvrissement général de la végétation phanérogamique qui donne à son ensemble un aspect triste et monotone que les sommités fleuries

(1) A Winnipeg, il n'y a pas d'année où le thermomètre ne descende au moins trois ou quatre fois au point de congélation du mercure. Dans la dernière quinzaine de mai, la chaleur prend le dessus et la végétation se développe avec une rapidité et une vigueur inconnues dans les climats tempérés. Un été de quatre mois mûrit non seulement les céréales ordinaires, mais le blé d'Inde, les melons d'eau et d'autres plantes qu'en France on demande à la Provence ou à l'Italie (H. de Lamothe : *Cinq mois chez les Français d'Amérique*).

Dans le bassin du Saint-Laurent, la température n'est pas excessive en hiver comme à Winnipeg, mais l'hiver est plus dur et l'été plus chaud qu'à Miquelon.

des *Ledum*, des *Cornus* et des *Kalmia*, dont la terre se pare en juillet, n'effacent qu'incomplètement.

Si nous examinons l'ensemble des Phanérogames, signalées à Miquelon (abstraction faite des plantes cultivées), nous pouvons d'abord reconnaître les groupes suivants : 1° espèces américaines ; 2° espèces asiatico-américaines ; 3° espèces communes à l'Amérique et à l'Europe (et en partie à l'Asie).

1° *Espèces américaines.*

Dans ce groupe il convient de distinguer les catégories suivantes :

(*A*) Espèces boréales ne dépassant guère vers le sud le 42° degré de latitude :

Ranunculus cymbalaria.
Hudsonia ericoides.
Viola Mühlenbergii.
Rubus acaulis.
Potentilla tridentata.
Pirus arbutifolia.
Ribes oxyacanthoides.
Conioselinum canadense.
Viburnum squamatum.
Solidago Terrae Novae.
Hieracium canadense.
Aster paniceus.
— nemoralis.
Cassandra calyculata.
Kalmia glauca.
Mertensia maritima.
Swertia corniculata.
Utricularia cornuta.
Abies balsamifera ?
Abies canadensis ?
— nigra.
— alba.
Phalanthera fimbriata.
— psychodes.
— blepharigiottis.
Arethusa bulbosa.
Spiranthes cernua.
Cypripedium acaule.
Smilacina stellata.
Juncus Pylaici.
Carex xanthophysa.
Scirpus atro-virens.
Bromus canadensis.
Poa canadensis.
Betula papyracea Michx.
— pumila L.

(*B*) Espèces boréales s'avançant au sud des grands lacs jusque vers le 40° degré de latitude (Ohio, Pensylvanie) :

Rubus triflorus.
Pirus americana.
Ribes prostratum.
Heracleum lanatum.
Cornus canadensis.
Vaccinium pensylvanicum.
Chilogenes hispidula.
Gaultheria procumbens.
Rhodora canadensis.
Lysimachia racemosa.
Larix americana ?
Streptopus roseus.
Tofieldia glutinosa.

(C) Espèces s'avançant dans la zone tempérée jusque vers le 36e degré de latitude (Missouri, Virginie) :

Rubus canadensis.
Cornus alba.
Prunus pensylvanica.
Trientalis americana.
Lycopus virginicus.
Juniperus virginiana.
Phalanthera orbiculata.
Clintonia borealis.
Eriophorum virginicum.

(D) Espèces atteignant la zone subtropicale des États du sud du 36e au 30e degré de latitude (Caroline, Géorgie, Louisiane, Floride) :

Thalictrum corynellum.
Nuphar americanum.
Sarracenia purpurea.
Viola blanda.
— cucullata.
Hypericum virginicum.
Poterium canadense.
Rosa nitida.
Fragaria canadensis.
Amelanchier canadensis.
Prunus serotina.
Aralia nudicaulis.
Lonicera diervilla.
Perdicesca repens.
Cirsium muticum.
Prenanthes alba.
Kalmia angustifolia.
Microstylis ophioglossoides.
Calopogon pulchellus.
Iris versicolor.

Cette dernière série offre beaucoup d'intérêt. Quelques-unes des espèces qui la composent et surtout celles de la liste précédente *(C)* qui sont disséminées dans la zone tempérée ont une aire de dispersion fort étendue dans l'est du continent américain ; mais le plus grand nombre ont des tendances boréales plus ou moins marquées et leur présence dans la zone subtropicale ne peut guère s'expliquer qu'en admettant le transport de leurs graines par le Mississipi. Introduites du Canada en Louisiane par le grand fleuve, elles se sont répandues dans les États voisins de Georgie, de Floride et de Caroline, où elles croissent à de faibles niveaux au-dessus de la mer.

2° Espèces asiatico-américaines.

Il est possible qu'on retrouve plus tard dans le nord de l'Asie quelques espèces considérées jusqu'à présent comme spéciales au continent américain. Parmi les plantes de Miquelon, nous ne pouvons citer qu'un très-petit nombre d'espèces qui, étrangères à l'Europe, sont communes à l'Amérique et à l'Asie. D'après M. Durand, le *Ranunculus salsuginosus* Pall. de la Sibérie ne serait probablement qu'une forme asiatique du *R. Cymbalaria*. Les *Senecio pseudo-arnica*, *Coptis trifolia* et *Smilacina trifolia* de Miquelon croissent aussi en Sibérie (le *Coptis* habite également l'Islande).

3° *Espèces communes à l'Amérique et à l'Europe.*

(*E*) Les trois espèces suivantes sont à peine européennes et n'ont été signalées que dans les îles du nord-ouest où elles ont peut-être été introduites. Elles sont plutôt d'origine américaine :

Sisyrinchium anceps, Lam. — Irlande occidentale.
Phalanthera hyperborea, Lind. — Islande.
Eriocaulon septangulare, Willd. — Hébrides, Irlande occidentale.

(*F*) Espèces arctiques ou subarctiques dans les deux continents.

En Amérique, elles se maintiennent au nord du 42e degré de latitude et en Europe au nord du 53e :

Coptis trifolia.
Rubus arcticus.
R. chamaemorus.
Archangelica Gmelini.
Ligusticum scoticum.
Cornus suecica.
Ledum palustre.
Diapensia lapponica.
Juncus balticus.
Eriophorum russeolum.

(*G*) Espèces alpines ou subalpines dans les montagnes de l'Europe moyenne ou méridionale, la plupart croissant aussi dans les plaines du nord de l'Europe :

Cochlearia officinalis.
Silene acaulis.
Geum rivale.
Potentilla fruticosa
Rubus idaeus.
Spiraea salicifolia.
Sedum rhodiola.
Lonicera caerulea.
Vaccinium uliginosum.
Vaccinium uliginosum.
Linnaea borealis.
Pirola secunda.
Arctostaphylos alpina.
Azalea procumbens.
Polygonum viviparum.
Empetrum nigrum.
Streptopus amplexifolius.
Scirpus caespitosus.

(*H*) Espèces maritimes ou submaritimes :

Cakile maritima.
Lathyrus maritimus.
Mertensia maritima.
Plantago maritima.
Triglochin maritimum.
Elymus arenarius.
Ammophila arenaria.

(*K*) Espèces répandues dans les tourbières de l'Europe :

Drosera rotundifolia.
— longifolia.
Comarum palustre.
Andromeda polifolia.
Pinguicula vulgaris.
Utricularia intermedia.
Anagallis tenella.
Menyanthes trifoliata.
Myrica gale.
Eriophoron vaginatum.
— polystachyum.
Carex pauciflora.
Rhynchospora alba.

On pourrait ajouter à cette liste (*K*) les *Lobelia Dortmanna* et *Lathyrus palustris* qui habitent les lieux humides dans quelques localités.

(*L*) Espèces communes dans la plus grande partie de l'Europe :

Ranunculus acris.
— flammula.
Viola tricolor.
Trifolium repens.
Potentilla anserina.
Malus communis.
Myriophyllum verticillatum.
Epilobium palustre.
— tetragonum.
— spicatum.
Achillea millefolium.
Campanula rotundifolia.
Euphrasia officinalis.
Rhinanthus minor.
Brunella vulgaris.
Rumex acetosella.
Polygonum convolvulus.
— aviculare.
— amphibium.
Alnus glutinosa.
Juniperus communis.
Maianthemum bifolium.
Sparganium natans.
Potamogiton natans.
— perfoliatus.
Luzula pilosa.
— multiflora.
— campestris.
Juncus glaucus.
— lamprocarpus.
— effusus.
— tenageia.
— filiformis.
— bufonius.
Carex panicea.
— Œderi.
Agrostis alba.
Triticum repens.

(*M*) Espèces introduites :

Sagina procumbens.
Trifolium pratense.
Ribes uva crispa.
Taraxacum dens-leonis.
Leontodon autumnalis.
Leucanthemum vulgare.
Bellis perennis.
Anagallis arvensis.
Plantago major.
— lanceolata.
Rumex acetosa.
— crispus.
— obtusifolius.
Atriplex rubra.
Euphorbia peplus.
Urtica diœca.
Festuca elatior.
Avena elatior.
Bromus mollis.
Dactylis glomerata.
Lolium perenne.
Phleum pratense.
Anthoxanthum odoratum.
Cynodon dactylon.
Poa pratensis.

En résumé, le caractère général de la Flore phanérogamique de Miquelon est accusé par une forte proportion d'espèces américaines et d'espèces boréales.

Renonculacées

* **Thalictrum corynellum** DC. (*Th. Cornuti* L., *Th. Canadense* Cornut). — C. presque partout dans les lieux humides. Juillet (1). — Du Canada à la Virginie et à la Louisiane.

Ranunculus acris, var. *multifidus* DC. — Prairies artificielles; introduit d'Europe et répandu assez loin dans l'intérieur de l'île. C. Juillet.

R. flammula, v. *filiformis* Hook. — Marécages; lieux pierreux et humides, au pied du Calvaire. C. Juillet. — De la baie d'Hudson à la Caroline.

* **R. cymbalaria** DC. — Bords sablonneux et humides du grand Étang (salé) près du Goulet. R. Juillet. — De Québec à la mer arctique.

Coptis trifolia Salisb. (*Helleborus trilobus* L.) — *Anémone du Groenland* de Müller; vulgo *Savoyarde, herbe jaune,* à Miquelon. — Bord ouest de l'étang du Chapeau; buttes à Larralde; bords de l'étang de Mirande. CC. Juin-juillet. — Canada, Labrador, Pensylvanie, Terre-Neuve, îles Saint-Pierre et Miquelon, Islande, Russie.

La racine d'un beau jaune doré (*gold thread* des Américains) contient de la *Berbérine* qui la rend très amère et une substance cristalline, la *Coptine*. Les Indiens se servent de cette racine pour colorer en jaune la laine, les piquants de porc-épic et leurs mannes ou paniers. Préconisée en Amérique, il y a quelques années, comme succédané du *Quassia amara*, elle est pour les habitants de Miquelon une véritable panacée. Il est certain que la *Savoyarde* est un tonique amer et qu'elle rend d'utiles services dans le traitement de certaines dyspepsies, du vertige stomacal, de la stomatite ulcéreuse, des plaies de mauvaise nature, affections où on l'emploie en masticatoire ou en décoction.

Ranunculus repens L. — Signalé par Gauthier, non retrouvé.

Aconitum napellus L. — *Pæonia officinalis* Retz. — Cultivés avec succès comme ornement.

---

(1) Dans la liste des phanérogames, le nom des espèces américaines est précédé d'un astérisque.

Nymphæacées

* **Nuphar americanum** Provencher (*N. advenum* Ait). — Eaux stagnantes près les pêcheries de l'ouest et dans la plaine Bibite. C. Juillet.— Canada, lac Saint-Jean, Géorgie, Louisiane.

Sarracéniées

* **Sarracenia purpurea** L. (*S. heterophylla.* Eat). — Dédiée par Tournefort au Dr Sarrasin, de Québec, qui lui avait envoyé en 1730 la plante alors inconnue. Plante particulière aux îles Saint-Pierre et Miquelon, aux États-Unis et au Canada (de la baie d'Hudson et à la Floride). Abonde dans les plaines tourbeuses de Miquelon. Juillet.

Louvet, pharmacien de la marine, a fait une étude sur le *Sarracenia* (Archives méd. nav.) Pour nous, les propriétés antivarioliques de la plante ne sont rien moins que démontrées. Quant aux vertus anti-rhumatismales qu'on lui attribue, nous les contestons jusqu'à plus ample informé, nos essais n'ont pas été heureux et nous avons dû abandonner cette plante pour le salicylate de soude ou du moins ne l'employer qu'en qualité d'adjuvant.

Crucifères

Cochlearia officinalis L. — Anse du gros Gabion, terrain granitique du cap Blanc, éboulis schisteux de l'Anse à Trois Pics. Peu commun. Juillet. — Les habitants ignorent ses propriétés anti-scorbutiques et rubéfiantes. Rarement on emploie la râpure de la racine comme condiment.

Les Crucifères potagères suivantes abondent dans les jardins, où elles disputent la place au *Thlaspi bursa pastoris.*

Sinapis alba L. (mûrit bien). — *Rhaphanus sativus* L. et sa var. *niger.* (Radis). — *Brassica oleracea* et *bullata* (Chou de Milan). — *B. capitata* (Chou pommé). — *V. botrytis* (Chou-fleur). — *Brassica napus* (Navet). — *Brassica rapa, B. esculenta* L. (Chou-Rave, Turneps). — *Lepidium sativum,* L. (Cresson alénois).

Le *Cheiranthus cheiri* L. ne résiste pas aux hivers de Miquelon et ne peut être cultivé qu'en pots.

Cakile maritima DC. — Sur les grèves à la grande Miquelon. C.

Cistinées

* **Hudsonia ericoides** Lam. (*H. tomentosa* Nutt.).— Au milieu des *Empetrum* sur les buttes sèches et pierreuses du phare

de Miquelon. Rare. Juillet. — Commun sur les bords du lac Huron, au Canada, où la famille n'a d'ailleurs que trois autres représentants appartenant aux genres *Helianthemum* et *Lechea*.

VIOLARIÉES

* **Viola blanda** WILLD. — Calvaire; bords de l'étang de Mirande; butte d'Abondance. C. Mai-juin. — Du Canada à la Louisiane.

* **Viola cucullata** AIT. — Sous les buissons, terrains humides. Colline du Chapeau. C. Mai-juin. — Du Canada à la Louisiane.

* **Viola Mühlenbergii** TORREY.— Terrains humides et pierreux de la plaine de Miquelon. C. Juin.

Ces trois plantes sont communes au Canada.

Viola tricolor L. et *arvensis* DC. — Dans les jardins, parmi les plantes potagères. Juillet. Probablement introduite de la Nouvelle-Ecosse. — New-York, Arkansas, bords du lac Huron. Remède certain, d'après Provencher, contre l'impetigo du cuir chevelu chez les enfants.

Viola canina L. — *Viola palustris* L. — Indiqués par Gauthier, non retrouvés.

DROSÉRACÉES

Drosera rotundifolia L. — Dans toutes les parties marécageuses de l'île. C. Juillet-août.

Drosera longifolia L. — Moins commun que le précédent. Juillet-août. — Du Labrador à la Floride.

Ces plantes sont astringentes, amères, acidules et même légèrement caustiques. Leurs propriétés contre la toux invétérée ne sont pas connues des habitants.

CARYOPHYLLÉES

Silene acaulis L. — Terrains pierreux entre le phare et la grande anse de Miquelon; terrains humides auprès de la colline du Chapeau. C. Juin-juillet.— Canada, Amérique arctique.

Sagina procumbens L. — Plaine du bourg de Miquelon, autour des habitations. CC. Août. Peut-être introduit.

Les *Spergula nodosa* L., *Cerastium vulgatum* L., et *Stellaria aquatica* POLL., indiqués par Gauthier, n'ont pas été retrouvés.

HYPERICINÉES

* **Hypericum virginicum** L. (*Helodes tubulosa* PURSH). — Plaines tourbeuses à l'est de la colline du Chapeau. C. Août. — Du Canada à la Louisiane.

LÉGUMINEUSES

Trifolium repens L. Indigène et CC. dans l'île. Juillet-septembre. — Du Canada à la Louisiane.

Trifolium pratense L. — Introduit. Lieux cultivés, prés. Rare. Juillet-septembre.

Pisum sativum L. — Pois mange-tout. Cultivé avec succès. Juillet.
Phaseolus vulgaris L.— Cultivé avec succès. Juillet-août.

Lathyrus maritimus BIGEL. (*Pisum maritimum*), vulgo *Pois des dunes.* — Langlade, terrains sablonneux; anse aux Trois-Pics, en haut de la falaise, parmi les éboulis schisteux; terrains sablonneux de la Pointe-aux-Alouettes. CC. Juillet-août. — Du Labrador à New-York.

Lathyrus palustris L., appelé aussi à Miquelon *Pois des dunes.* — Plaines à l'ouest des buttereaux de Langlade, prairies naturelles. C. Juillet. — Du Canada à l'État de Pensylvanie. Ces deux espèces paraissent indigènes.

Medicago sativa L. — Essayé à Miquelon, mais ne dure guère qu'un ou deux ans, par suite du manque d'épaisseur de la couche arable du sol de la plaine de Miquelon, qui n'est qu'un banc de galets recouvert d'une faible couche d'humus.

ROSACÉES

* **Rubus acaulis** MICHX. (*R. arcticus* L., v. *grandiflorus*).— Plaine de Miquelon, colline du Chapeau. CC. Fl. juin. Matur. juillet-août. — Saskatchawan, côtes du Labrador.

Rubus arcticus L. — Au pied du cap à Paul, en haut des falaises qui bordent la rade, de ce côté du cap Miquelon. CC. Juillet. — Saskatchawan, côtes du Labrador, Europe boréale.

* **Rubus triflorus** RICHARDS. (*R. saxatilis* MICHX.— *R. mucronatus* SER.) — Autour du lac (cap Miquelon), sous les buissons, terrains humides ou pierreux. C. Juillet. — De la baie d'Hudson à la Pensylvanie.

* **Rubus canadensis** L.— Colline du Chapeau, anse de la Roncière, lieux secs. C. Juillet-août. — Du Canada à la Virginie.

Rubus idæus L. — Lieux tourbeux et pierreux. C. Août.

Rubus chamæmorus L. — Vulgo *Plate-bière*. — Abonde dans les plaines tourbeuses de Miquelon, au milieu des Sphagnum, plus rarement dans les endroits secs. Flor. juin. Matur. août. La fleur blanche, une des premières à paraître au printemps, précède le développement des feuilles. Les fruits, gros, jaunes, subglobuleux, acidules et sucrés, ont des propriétés astringentes, et sont employés dans l'île comme anti-diarrhéiques. Les habitants en font une confiture excellente. D'après Popof (Congrès de la Soc. méd. de Moscou et Pétersbourg), la décoction du fruit serait diurétique et devrait cette propriété à la présence d'un principe actif qu'il a pu extraire en recourant à la méthode dont Lesch s'était servi pour l'extraction du principe de la Blatte orientale. — Labrador et jusqu'au Groenland, dans les Mousses des marais, Europe boréale.

Potentilla anserina L. — Terrains sablonneux dans le voisinage des habitations. C. Juin. — De l'Amérique arctique à la Pensylvanie.

Potentilla fruticosa L. — Lieux humides, bords des cours d'eau. C. Juillet-août. — De l'Amérique arctique à la Pensylvanie, Europe boréale et Pyrénées.

* **Potentilla tridentata** Ait. — Lieux pierreux ou tourbeux. Plaine du bourg de Miquelon. CC. Juin-août. — Du Labrador au lac Supérieur.

Comarum palustre L. — Marécages autour de l'étang Beaumont, bords du ruisseau de l'Anse. CC. Août. — Du Labrador à Montréal.

Geum rivale L. — Terrains marécageux près de la source dite du petit ruisseau de la Terre-Grasse. Rare. Juillet. — Du Canada à la Pensylvanie.

* **Poterium canadense** B. et H. (*Sanguisorba canadensis* L., *Pimpinella maxima canadensis* Cornut). — Sur les bords du ruisseau de la Carcasse Est et Ouest. Donne pour les ruminants un bon fourrage qu'on fauche fin juillet et août. CC. août. — Du Labrador à la Géorgie.

* **Spiræa salicifolia** L. (*Sp. carpinifolia* Willd). — Butte d'Abondance, colline du Chapeau. C. Août. — Du Canada à la Géorgie. Europe moyenne. — L'infusion des feuilles de cette plante offre une telle analogie avec celle du thé de Chine, qu'on pourrait la considérer à Miquelon comme un succédané de ce

thé. Elle vaut mieux pour le goût et tout autant pour la santé que les infusions de thé de James, de thé rouge et autres thés employés par les habitants.

* **Rosa nitida** WILLD.— Lieux secs ou légèrement humides. Colline du Chapeau. C. août. — De Terre-Neuve à la Géorgie.

Rosa pimpinellifolia. L. Indiqué par Gauthier et non retrouvé. Si cette Rose existe à Miquelon, elle y a été introduite.

* **Fragaria canadensis** MICHX. (*F. virginiana* DUCH.) vulgo *Fraisier*.— Cap Vert; pentes sud du cap Miquelon; buttereaux de Langlade; endroits pierreux ou sablonneux. Fruits excellents, mûrs fin juillet. Fl. commencement de juillet. Très abondant. — De l'Amérique arctique à la Géorgie.

* **Pirus americana** DC. (*Sorbus americana* PURSH). — Colline du Chapeau. C. Août. — Du Labrador en Pensylvanie.

* **Pirus arbutifolia**, v. *melanocarpa* WILLD.; vulgo *Poirier sauvage.* — Arbrisseau rampant rarement dressé et n'ayant, dans ce dernier cas, pas plus de 30 centimètres de hauteur. Fruits astringents, acidules. Colline du Chapeau; plaines de la Terre-Grasse. C. juillet. — Labrador.

* **Amelanchier canadensis**, var. *oligocarpa* TORR. et GR. — Terrains tourbeux et pierreux de la colline du Chapeau; anse de la Roncière. C. Juillet. — Du Labrador à la Géorgie.

* **Prunus pensylvanica** *L.* — Arbrisseau d'environ un demi-mètre de hauteur. Versant nord du Chapeau. C. Juillet. — Du Labrador au Saskatchawan et à la Virginie.

* **Prunus serotina** EHRH. — Bois de Mirande, Sylvain, bois de Langlade. Rare. Juillet. — Labrador et jusqu'en Louisiane.

Malus communis JUSS. — Rencontré une seule fois entre le cap de la Demoiselle et le bois de Bellevaux. Rare même à Langladé, et sans doute introduit. Reste rampant et a produit des pommes de la grosseur d'un œuf de pigeon. Fl. juillet.

ONAGRARIÉES

Hippuris vulgaris L. — Lieux humides. C. Juillet. — Du Labrador à New-York.

Myriophyllum verticillatum et **spicatum** L. — Eaux stagnantes de la plaine et de la pointe du bourg de Miquelon. C. Juillet. — Du Canada à la Floride.

Epilobium palustre L. — Lieux marécageux ou humides;

entre les deux ruisseaux de la Terre-Grasse. C. Août. — Du Labrador à la Pensylvanie.

Epilobium tetragonum L. — Terrains pierreux : Terre-Grasse ; anses du Cap. C. août.

Epilobium spicatum Lam. — Terrains humides ou plus souvent secs. Atteint parfois 1 mètre de hauteur. Ruisseau Sylvain C. Juillet-août — De l'Amérique arctique à la Pensylvanie. — Les habitants ne se servent pas de cette plante, bien que ses racines et jeunes pousses soient comestibles en salade et que les feuilles soient employées au Canada pour la fabrication de la bière.

L'*Epilobium alpinum* L., signalé par Gauthier, n'a pas été retrouvé. Toutes ces plantes existent au Canada.

Crassulacées

Sedum rhodiola DC.— Anse à Trois-Pics, entre les fentes du rocher, sur le haut de la falaise et le plateau qui le termine. Rare. Juillet. — Semble rare au Canada, où l'on ne trouve guère que le *Sedum portulacoides* Willd.

Grossulariées

* **Ribes oxyacanthoides** L. — Lieux pierreux. Etang de la Loutre ; anse de la Roncière indigène. Rare. Fl. juillet. — Canada, Terre-Neuve.

Ribes rubrum L., *Ribes nigrum* L., *Ribes grossularium* L. — Cultivés dans les jardins.

* **Ribes prostratum** L'Her. — Cap Miquelon, autour du lac ; près de l'embouchure du ruisseau du Chapeau. Rare. Juillet. — Du Canada en Pensylvanie.

Ombellifères

Archangelica Gmelini D.C.. — Lieux humides. C. Anses de l'Ouest. Juillet. Groenland, Labrador, Europe boréale.

Ligusticum scoticum L. (*Angelica scotica* Lam.). — Lieux secs ou humides ; anse à Trois-Pics, aux environs des cabanes de pêche de l'ouest et de Pousse-Trou. CC. Juillet. Les pêcheurs la mangent en salade ainsi que la précédente sous le nom de persil marsigoin. — Du Labrador au Massachussets. Europe boréale.

* **Heracleum lanatum** L. — Terrains humides et sablonneux de Langlade ; falaises de Pousse-Trou, de la Pointe-au-Cheval ; prairies artificielles. Atteint 1 mètre de hauteur. CC. Juillet-août. — Du Canada en Pensylvanie.

* **Conioselinum canadense** TORR. et GR. — Vulgo : *Ciguë*. — Lieux tourbeux, plaines de la Terre-Grasse, plaines au sud du grand étang de Miquelon. C. Août. — N'existe pas au Canada (PROVENCHER), mais seulement sur les bords du lac Supérieur.

Les *Apium graveolens* L., *Petroselinum sativum* HOFF., *Pastinaca sativa* L., *Daucus Carota* L., *Anthriscus cerefolium* HOFF., sont cultivés avec succès dans les jardins.

Les *Archangelica atro-purpurea* HOFFM., *Æthusa cynapium* L., indiqués par Gauthier, n'ont pas été retrouvés.

ARALIACÉES

* **Aralia nudicaulis** L. — Vulgo : *Salsepareille*, *Sarsaparilla* des Anglo-Canadiens. — Plaines tourbeuses, cap Miquelon; pente nord du Chapeau ; Bellevaux CC. Souvent stérile. Juillet. Racine estimée à Miquelon comme ayant des propriétés dépuratives (?) — Du Canada à la Géorgie.

CORNÉES

* **Cornus alba** L. (*C. stolonifera* MICHX.). — Bords du ruisseau de la Terre-Grasse. Rare. Juillet. — Du Canada au Missouri.

* **Cornus canadensis** L. — Vulgo : *Quatre-temps*. — Colline du Chapeau, chemins de l'ouest. CC. Juin-juillet. Les enfants mangent impunément ses baies rouges, douceâtres. — De l'Amérique arctique à la Pensylvanie, Europe boréale.

Cornus suecica L. — Terres de bruyères, peu humides. CC. Juin-juillet. — Amérique arctique, Terre-Neuve, Labrador. Europe boréale.

Cette plante et la précédente couvrent en juillet des espaces très étendus et rompent agréablement l'aspect triste de la végétation des îles Saint-Pierre et Miquelon.

CAPRIFOLIACÉES

* **Viburnum squamatum** WILLD. (*Viburnum nudum* L. et *crassinoides*). — Bourdaine du Canada. Lieux humides, versant nord du Chapeau. C. Août. — Canada.

* **Lonicera Diervilla** L. (*Diervilla canadensis* WILLD). — Sur

les petites collines avoisinant le ruisseau Sylvain. C. Juillet-août. — De la baie d'Hudson à la Caroline.

Lonicera cærulea *canadensis* LAM. (*Xylosteum Solonis* EAT.). — Plaines tourbeuses un peu humides au milieu des Sphagnum. Plaines du Chapeau, bords de l'étang du Chapeau. C. Juin-juillet. — Baie d'Hudson, Labrador.

Linnæa borealis GRONOV. — Lieux humides à l'ombre des arbustes résineux ou mêlés aux Éricacées. Colline du Chapeau ; Calvaire. C. Juillet. Tiges et feuilles amères, sudorifiques et diurétiques, selon Provencher (?). — Du Cercle arctique au New-Jersey. Europe et Asie arctiques.

Les *Lonicera villosa* MUHL. et *L. velutina* DC., indiqués par Gauthier, n'ont pas été retrouvés.

RUBIACÉES

* **Perdicesca repens** PROV. (*Mitchella repens* L.). — Trouvée une seule fois à quelques pas du ruisseau Bibito (août) dans l'humus humide, au milieu des Erica sous lesquels elle se dissimule. Les baies d'un rouge brillant, remarquables par leur double suture, d'un goût passable, sont recherchées par les lagopèdes ou perdrix de l'île. — Du Canada à la Louisiane.

Le *Galium uliginosum* L., indiqué par Gauthier, n'a pas été retrouvé.

COMPOSÉES

Taraxacum dens-leonis DESF. — Naturalisé dans les prés. Apporté d'Europe. C. Juillet.

Leontodon autumnalis L. — Comme le précédent, mais fleurit un peu plus tard.

Achillea millefolium, v. *occidentalis* L. — Vulgo : *Herbe à dindon*. — Comme les précédentes. C. Juillet-août.

Senecio pseudo-arnica SW. — Bord de la mer entre la Coupée et le Boyau. Terrains secs et pierreux. Juillet-août.

Leucanthemum vulgare LAM. — Prés, voisinage des habitations. Introduit. N'existe pas dans l'intérieur de l'île. C. Juillet-août.

Bellis perennis L. — Introduit. Prairies. Rare. Juillet-août.

Dahlia coccinea CAVAN. — Jardins. Plante d'ornement.

Anthemis arvensis L. Camomille sauvage. — *Artemisia absinthium* L. Absinthe. — *Calendula officinalis* L. Souci. — Cultivés dans les jardins.

Tanacetum vulgare L. — Tanaisie. Plante tonique et fébrifuge qui a la réputation bien imméritée d'être emménagogue et que, pour cet usage, on cultive avec empressement.

Les *Cynara scolymus* L., *Cichorium endivia* WILLD., *Tragopogon porrifolius* L., *Lactuca sativa* et *capitata* L., sont cultivés avec succès.

* **Hieracium canadense** MICHX.— Vulgo: *Pissenlit de montagne.* — Lieux humides tourbeux, bords du ruisseau de la Terre-Grasse. Rare. Août. — Du Canada au Massachussets.

* **Cirsium muticum** MICHX.— Lieux humides ou secs. Anse à Trois-Pics ; près de l'embouchure du ruisseau du Chapeau. Rare. Juillet. — Du Canada à la Louisiane.

* **Prenanthes alba** L. (*Nabalus alba* HOOK.) — Buissons CC. Août. — Du Canada à la Louisiane. Les porcs sont avides de sa racine connue dans l'île sous le nom de navet de montagne et qui donne à leur chair un goût excellent. La tige, creuse d'un bout à l'autre, et longue de plus d'un mètre, est employée par les chasseurs pour boire dans les ruisseaux.

* **Solidago squarrosa** MUHL. — Colline du Chapeau. C.

* **Solidago Terrae Novae** TORR. et GRAY. — Colline du Chapeau. C.

* **Aster Radula** AIT. — Lieux humides, plus rarement secs. Plaine de Miquelon ; colline du Chapeau. CC. Août. — Canada, États du Nord.

* **Aster nemoralis** AIT. (*uniflorus* NEES.)— Lieux humides, tourbeux. Colline du Chapeau ; plaine de Miquelon. CC. Août. — Canada, Terre-Neuve.

* **Aster umbellatus** MILL., v. *latifolius* GRAY. — Colline du Chapeau.

Les *Erigeron canadensis* L., *Solidago canadensis* L., *Aster tripolium L.*, *Artemisia borealis* L., *Carduus nutans* L., *Cineraria carnosa* DE LA PYL. *Hypochœris radicata* L., indiqués par Gauthier, n'ont pas été retrouvés.

LOBÉLIACÉES

Lobelia Dortmanna L. — Eaux stagnantes et courantes. Plante immergée, les fleurs seules dépassent le niveau. Ruisseau du Chapeau ; étang près de la butte d'Abondance. CC. Août. — Du Canada en Géorgie.

CAMPANULACÉES

Campanula rotundifolia L. — Abonde dans les prés et les parties humides de l'île. Tellement répandu au Canada que Provencher lui donne le nom de *Camp. canadensis*. CC. Juillet.

Le *Campanula pusilla* HAENKE, indiqué par Gauthier, n'a pas été retrouvé.

VACCINIÉES

* **Vaccinium pensylvanicum** LAM., v. *angustifolium* AIT. Vulgo : *Bluet.*— Colline du Chapeau ; Terre-Grasse. CC. Juin-juillet. — Terre-Neuve, Canada (Montréal).

Vaccinium uliginosum L. — Mêmes localités. CC. Juin-juillet. — Terre-Neuve, Labrador, Canada.

Vaccinium rubrum DODOENS (*V. Vitis idaea* L.). — Vulgo: *Berrys.* — Abonde dans les plaines tourbeuses et aussi les terrains secs de l'île. CC. Juillet. — Les habitants font une bonne confiture avec le fruit, soit en l'employant seul, soit en l'associant aux fruits des Oxycoccos.— Terre-Neuve, Canada, État du Maine.

Oxycoccos palustris PERS. et **O. macrocarpus**. PERS.— Vulgo : *Pommes de pré.* — Plaines, mornes, lieux secs ou humides, un peu partout. Ce n'est guère que par la forme du fruit, oblong dans le *O. palustris* et globuleux dans l'*O. macrocarpus*, qu'on distingue les deux espèces. Les habitants font d'excellentes confitures avec les baies qui sont, en outre, acidules à l'état de crudité et antiscorbutiques. CC. Juillet-août. — Terre-Neuve, Canada, Wisconsin, Virginie.

* **Chiogenes hispidula** TORR. et GR. (*Vaccinium hispidulum* L., *Gaultheria hispidula* MICHX., *Phalerocarpus serpyllifolia* DON). — Vulgo : *Thé d'Anis, Anis de montagne.* — Troncs d'arbres en décomposition, pente du Chapeau ; Calvaire ; Cap Miquelon. CC. Mai-juin. Toute la plante est aromatique, les baies sont d'un beau blanc et sucrées à maturité. On emploie les feuilles en infusion, en guise de Thé, et les baies en macération dans l'alcool pour faire la « liqueur d'Anis. » — Terre-Neuve, Canada, Pensylvanie.

ERICACÉES

Arctostaphylos alpina SPRENG. — Sommet des Mornes; sommet du Chapeau (alt. 112 m.). C. Juin. — Terre-Neuve, île d'Anticosti, Labrador.

* **Gaultheria procumbens** L. — Vulgo : *Thé rouge.* — Mirande ; Blandin ; Terre-Grasse ; anse de la Roncière ; vallée de la Cormorandière (cap Miquelon). C. Septembre. Les feuilles donnent une boisson aromatique agréable qui rappelle le goût du thé d'Anis. Aux États-Unis, on retire de la plante l'essence dite de Winter green. Le fruit ne parvient guère à maturité qu'au printemps. — Montréal, Chicoutini, Pensylvanie.

Andromeda polifolia L. — Au milieu des *Sphagnum*. Chapeau, Terre-Grasse. CC. Juin-juillet. — Plante narcotico-acre, vénéneuse pour les moutons, d'après Provencher (?) — Terre-Neuve, Canada, Pensylvanie.

* **Cassandra calyculata** DON. — Mêmes localités. CC. Juin. — Canada, Terre-Neuve.

* **Rhodora canadensis** L.— Lieux humides. Entre le morne du Chapeau et le ruisseau du même nom. C. Juin. Bel arbrisseau atteignant un mètre de hauteur. Les fleurs naissent au sommet des rameaux avant les feuilles et n'ont qu'une courte durée. — Du Canada en Pensylvanie.

Azalea procumbens L. (*Loiseleuria procumbens* DESV.) — Lieux secs, peu commun. Juin. Colline du Chapeau, Butte d'Abondance.

* **Kalmia glauca** AIT. — Plante couchée au milieu des Sphagnum, une des premières à fleurir; on la trouve aussi en fleurs dans quelques endroits, même en août et septembre. Epoque ordinaire de la floraison, juin. Abonde dans l'île. — Canada, bords de la voie ferrée du Grand-Tronc.

* **Kalmia angustifolia** L. — Vulgo : *Faux-Thé*, *Thé de chèvre.* — Bel arbrisseau d'environ 30 cent. de haut ; les fleurs apparaissent plus tard que celles du *K. glauca* et durent plus longtemps. Colline du Chapeau ; bords de la Belle-Rivière de Langlade, du ruisseau des Goëliches. CC. Juillet-août. — Du Canada à la Caroline. Cette plante a une action toxique sur les ruminants ; elle serait toxique aussi pour l'homme, d'après le Dr Gras, qui a observé pendant son séjour à Miquelon un cas d'empoisonnement dû à l'ingestion d'une infusion de cette plante.

Ledum palustre et *latifolium* AIT. — Vulgo : *Thé de James*. — Plante remarquable par ses feuilles dont la face inférieure est couverte d'un duvet couleur d'amadou. Lieux marécageux autour du Chapeau, du Calvaire, etc. On emploie l'infusion des feuilles à Saint-Pierre et Miquelon pour remplacer le Thé, et au Canada pour rendre capiteuses les petites bières. CC. Tout le mois de juillet. — Canada, Visconsin, Asie et Europe arctiques.

Diapensia lapponica L. — Buttes pierreuses de l'Anse ; Calvaire ; Terre-Grasse. CC. Juin. — Canada, Terre-Neuve, Labrador, Europe arctique.

PIROLACÉES

Pirola secunda L. — Buttes à Laralde ; colline du Chapeau. C. Août. — Du Canada en Pensylvanie.

Pirola uniflora L. — Plante groupée par 12 ou 15 individus dans les lieux humides, tourbeux, mais toujours rare. Langlade ; vallée de la Cormorandière (Cap) ; environs du pré des Costes, le long du grand étang. Août. — Du Canada en Caroline.

UTRICULARIÉES

Pinguicula vulgaris L. — Lieux humides, terrains argileux. C. Juin-juillet. — Canada.

Utricularia intermedia HAYN. — Mares, eaux stagnantes. C. Juillet-août.

* **Utricularia cornuta** MICHX. — Plante aphylle de 5 et 6 cent. de hauteur. Marécages. C. août. — Canada. Michigan.

L'*U. vulgaris* L., indiqué par Gauthier, n'a pas été retrouvé.

PRIMULACÉES

* **Trientalis americana** PURSH. — Mornes, terrains tourbeux ; la seule plante de l'île dont les fleurs soient heptamères. CC. Juin. — Canada, Chicoutimi, Ottawa, Virginie.

***Lysimachia racemosa** MICHX. (*L. stricta* AIT., *L. bulbifera* CURT.). — Plaine du Chapeau ; prairies Gélos. C. Août. — Canada, État d'Ohio.

Anagallis arvensis L. — Vulg. *Mouron*. Juillet. — Introduit dans les lieux cultivés.

Anagallis tenella L. — Prairies tourbeuses. C.

GENTIANÉES

Menyanthes trifoliata L. — Vulg. *Trèfle d'eau.* — Lieux vaseux : Plaine du Chapeau, bords du ruisseau du Chapeau. Indigène. C. Juin. — Cette plante tonique, fébrifuge, emménagogue, n'est pas utilisée dans l'île. — Canada.

* **Sweertia corniculata** MICHX.— Lieux secs, plaine de Miquelon, colline du Chapeau. C. Août-septembre. — Du Canada à New-York.

BORRAGINÉES

* **Mertensia maritima** DON.— Vulgo : *Sanguinie de mer.*— Bancs de galets. Usage populaire dans le rhumatisme, en applications extérieures. CC. Juillet. — Du Canada à New-York.

Borrago officinalis L. — Introduit dans les jardins. Juin-juillet.

Aucune Solanée n'est indigène dans l'île. Le *Solanum tuberosum* L. *(Pomme de terre)* réussit très bien ; les *Lycopersicum esculentum* MILL. (*Tomate*), *Capsicum annuum* L.(*Piment*), *Solanum esculentum* DON. (*Aubergine*), mûrissent à moitié dans les jardins. Le *Nicotiana tabacum* L. réussit assez bien.

SCROPHULARIACÉES

* **Chelone glabra.** L.— Bords du ruisseau de la Terre-Grasse.

Euphrasia officinalis L. — Prés, pâturages. Partout. CC. Juillet. — Canada, Montagnes-Rocheuses.

Rhinanthus minor EHRH. — Prairies artificielles, terrains tourbeux de l'intérieur de l'île. CC. Août. — Canada, Massachussets.

LABIÉES

Brunella vulgaris L. — Sur les falaises qui dominent l'anse à Trois-Pics ; autour des cabanes de l'ouest ; pentes du cap, vis-à-vis de la rade, lieux où elle atteint 30 cent. de hauteur. CC. Août. — Du Canada à la Louisiane.

* **Lycopus virginicus** L. — Plaine de Miquelon. Assez commun. Août. Est employé aux États-Unis contre l'hématémèse.— Canada, États-Unis.

Les *Thymus vulgaris* L., *Satureia hortensis* L., *Galeopsis ladanum* L., *Mentha piperita* L., *Lamium amplexicaule* L. ont été introduits et ne se trouvent que dans les jardins ou dans leur voisinage.

Plantaginées

Plantago maritima L. — Fissures des rochers, d'où le nom vulgaire de Passe-Pierre; anse à Trois-Pics; anse de l'Ouest. CC. Juillet. Les habitants l'emploient rarement comme légume dans la soupe ou comme condiment en macération dans le vinaigre. — Canada. Rivages à eau salée.

Plantago major L. et **P. lanceolata** L. — Autour des habitations. C. Août. Plantes probablement introduites.

Chenopodées

Atriplex hastata L. — Introduit dans les jardins.

Chenopodium rubrum L. — Introduit dans les jardins.

Chenopodium opulifolium Schrad. — Introduit dans les jardins.

Polygonées

Rheum rhaponticum L. — *Rhubarbe.* — Introduit dans les jardins; résiste en pleine terre aux hivers de l'île. Les Anglais de la colonie font des confitures avec les pétioles charnus de la plante. C. Juillet.

Rumex acetosa L. — Jardins. Juillet-août. Peut-être indigène. Croît spontanément au Canada et dans les Montagnes-Rocheuses.

Rumex acetosella L. — Terrains pierreux de la plaine de Miquelon; route de l'Ouest. Indigène. Canada, Saskatchawan.

Rumex crispus L. — Prairies artificielles. — Introduit.

Rumex obtusifolius L. — Prairies artificielles. — Introduit.

Fagopyrum vulgare Nees. — Essayé à Miquelon. Ne mûrit pas complètement.

Polygonum convolvulus L. — Rare à Miquelon. — Canada.

Polygonum viviparum L. — Dunes. C. Juillet. — Cette plante, employée par les Tartares pour faire une espèce de pain, n'a pas d'usage à Miquelon.

Polygonum aviculare L. — Bancs de sables et de galets. C. Tout l'été. — Canada, États-Unis.

Polygonum amphibium L. var. *natans*. — Embouchure du ruisseau de la Terre-Grasse. Rare. Août. — Canada, Illinois.

Les *Polygonum hydropiper* et *P. sagittatum* L., signalés par Gauthier, n'ont pas été retrouvés.

Empétracées

Empetrum nigrum L. — Vulgo : *Goules noires.* — CC. Avril-mai.

Empetrum rubrum Vahl. — Vulgo : *Goules rouges.* — CC. Avril-mai, sur les mornes et collines, notamment au Calvaire.

Ces deux espèces sont difficiles à distinguer, en dehors de la couleur du fruit. L'*E. rubrum*, inconnu au Bas-Canada, n'existerait, suivant Provencher, qu'au détroit de Magellan, sur les côtes du Labrador et dans les îles du golfe Saint-Laurent, dont les habitants mêlent ses fruits à ceux de son congénère, *E. nigrum*, du *Vaccinium rubrum* (*vitis-idæa*) et du *Rubus chamæmorus* pour en faire des confitures. Aux îles Saint-Pierre Miquelon où sa présence est bien constatée, il n'est pas utilisé, pas plus que l'*E. nigrum*.

De toutes les phanérogames, l'*Empetrum* est celle qui atteint les points les plus élevés des mornes. On la voit, laissant derrière elle les autres Ericacées qui l'avaient accompagnée plus ou moins haut (*Ledum*, *Vaccinium rubrum* (*vitis-idæa*), *etc.*), résister, autour des rocs dénudés, à des vents violents, presque permanents et envahir le domaine des Parmélia qui finissent par l'attaquer et faire disparaître sous leurs expansions ses rameaux les plus avancés.

Euphorbiacées

Euphorbia peplus L. — Rare. Jardins. Introduit.

Urticées.

Urtica diœca et **urens**. L. — Autour des habitations. Introduit.

Cupulifères

* **Corylus americana** et *rostrata* Walt. — Vulgo : *Coudrier*, *Noisetier*. — Mirande, bois de Langlade, le long de la Belle-Rivière. C. juillet. Écorce légèrement fébrifuge. Inusité. — Canada, États-Unis.

Bétulacées

* **Betula pumila** L. — Bord des étangs. C. Juin. — Labrador.

Alnus glutinosa Gærtn. — Versant sud du Chapeau ; Calvaire. C. Juin.

Alnus viridis D.C. — Bord des ruisseaux, marécages. C. Juin. — Canada.

Les *Betula lenta* L. (*Merisier rouge*), et *Alnus incana* WILLD., qui croissent en abondance à Terre-Neuve, d'après Howley (*Geography of New Foundland*), ont été signalés à Langlade par quelques personnes étrangères à la Botanique. Ils ne peuvent toutefois être admis parmi les plantes de l'île, qu'après vérification ultérieure.

MYRICÉES

Myrica gale L. — Bord des cours d'eau. Juin. — Canada.

CONIFÈRES

* **Abies balsamifera** MICHX ? — Vulgo : *Sapin blanc.* — La Térébenthine appelée baume du Canada, baume de Gilead, est sans usage dans la colonie.

* **Abies canadensis** MICHX ? (*Tsuga canadensis* PROVENCHER). — Vulgo : au Canada, *Pruche*, et à Saint-Pierre Miquelon : *Spruce.* CC. — Suivant Provencher, sa limite extrême au nord de Québec serait le cap Tourmente et il n'arriverait pas jusqu'à la baie d'Hudson.

* **Abies nigra** MICHX. (*Picea nigra* L., *Pinus nigra* AIT.).— Vulgo : *Spruce noir* à St-P. M. Grosse épinette. CC. Bois de Blondin ; étang de la Loutre. — Canada, baie d'Hudson.

* **Abies alba** MICHX. (*Picea alba* LINK., *Pinus alba* AIT.) — — Vulgo à Miquelon : *Spruce blanc.* — N'est qu'une variété du précédent. Même fréquence et même habitat. ; plus commun à Langlade.

Ces trois dernières espèces, rabougries à la grande Miquelon, sont un peu plus fortes à Langlade, où elles atteignent une hauteur de 5 à 6 mètres.

Le bois du *Spruce noir* léger, résistant et élastique, est utilisé pour la construction de petites goëlettes. On emploie les jeunes pousses à la fabrication de la boisson habituelle du pays ou bière de *Spruce.*

* **Larix americana** MICHX ? — Vulgo : *Bois de violon.* — Arbuste de 1 mètre de hauteur. AC. A Langlade. Rare à Miquelon. Embouchure du ruisseau de la Terre-Grasse et bords du ruisseau de la Carcasse-Est. On l'emploie en décoction dans le traitement des plaies. — Rimonski-Pensylvanie.

Quelques personnes qui ont exploré attentivement Langlade prétendent y avoir trouvé :

1° *Pinus strobus* L. (*P. virginiana* PLUNK., *P. alba canadensis* PROV. ou *Pin blanc.*

2° *Pinus rubra* MICHX. (*P. resinosa* PURSH.). *Pin résineux, pitch, pine.*

3° *Pinus Banksiana* LAMB. *Pin gris, Cyprès.*

4° *Taxus canadensis* WILLD. (*Taxus procumbens* LODD.). *If.*

5° *Fraxinus sambucifolia* LAM. *Frêne noir.*

6° *Populus tremuloides* MICHX.

7° *Populus balsamifera* MICHX.

8° *Salix longifolia, purpurea, repens, herbacea.*

La présence de ces arbres qui croissent à Terre-Neuve est à vérifier à Miquelon.

Juniperus communis L. — Arbrisseau couché ; lieux secs, rochers. CC. Juillet. — Le décocté de la plante réduit en consistance d'extrait est appliqué extérieurement contre le rhumatisme sous le nom de *Cirrouenne* ou *Cirrhoëne.*

* **Juniperus virginiana** et **prostrata** LIN. *Juniperus sabina* HOOK.). — Arbrisseau rampant ; même port et même station que le précédent. Aux environs du Bec et sur les hauteurs du cap Miquelon. Fruits mûrs fin juillet. — Canada, Terre-Neuve. États-Unis, Louisiane.

Les propriétés spéciales du *J. virginiana* sont complètement ignorées des habitants.

ORCHIDÉES

* **Phalanthera fimbriata** LINDL. — Lieux humides. Pré des Costes ; partie inférieure du cap Miquelon (côté de la rade). C. Août. — Canada.

Phalanthera hyperborea LINDL. — Lieux marécageux C. Juillet-août. Celle de toutes les Orchidées de l'île qui fleurit la première. — Baie d'Hudson, Islande.

* **Phalanthera lacera** GRAY.— Plaine du Chapeau ; environs du pré des Costes. AC. Août. — Canada.

* **Phalanthera blephariglottis** LINDL. — Plaines marécageuses du Chapeau. AC. Août. — Canada.

* **Phalanthera orbiculata** LINDL. — Lieux humides et ombragés. Moins commun que les précédents. Juillet-août. — Du Canada (Québec) à la Virginie.

* **Microstylis ophioglossoides** NUTT. — Au milieu des plantes herbacées des marécages. Rare. Août. — Du Canada à la Virginie et à la Louisiane.

* **Arethusa bulbosa** NUTT. — Au milieu des *Sphagnum.*

Plaine entre l'étang et la colline du Chapeau. C. Juillet. — Du Canada au Wisconsin.

* **Pogonia ophioglossoides** Nutt. — Paraît de prime abord difficile à distinguer du précédent. S'en distingue par sa racine fibreuse, non bulbeuse, et par la tige portant deux feuilles, tandis que l'*Arethusa bulbosa* est aphylle. Même fréquence et mêmes stations. Août. — Du Canada à la Virginie et à la Louisiane.

* **Calopogon pulchellus** Br. (*Cymbidium* Willd.). — Lieux tourbeux. Plaine à l'ouest de l'anse de Miquelon. C. Août. — Du Canada à la Floride.

* **Spiranthes cernua** Rich. — Plaine autour du ruisseau Bibite. AC. Fin août-septembre. La dernière des Orchidées de l'île à fleurir. — Canada (Québec).

* **Cypripedium acaule** Ait. — Petit ruisseau de la Terre-Grasse ; versant nord du Chapeau ; marécages de l'anse de Miquelon. Rare. Janvier-juillet. — Canada (Québec).

Les *Goodyera repens* Br. et *Cypripedium spectabile* Willd., indiqués par Gauthier, n'ont pas été retrouvés.

Iridées

* **Iris versicolor** L. — Terrains humides, où il atteint 0 mèt. 80 centim. de hauteur, plus rarement lieux secs. C. Fin juillet. — Du Canada à la Louisiane.

Sisyrinchium anceps L. — Lieux humides. C. Fin juillet-août.

Ces deux plantes sont, avec *Iris virginiana* L. et *Sisyrinchium mucronatum* Michx., qui n'ont pas encore été observés à Saint-Pierre et Miquelon, les seuls représentants indigènes de la famille des Iridées au Canada, à notre connaissance du moins. L'Irlande est la seule localité européenne pour cette espèce.

Asparagées

* **Streptopus roseus** Michx. — Dans les buissons de Sapins rabougris. — Colline du Chapeau ; autour du lac (cap Miquelon). Rare. Juin. — Du Canada en Pensylvanie.

Streptopus amplexifolius Pers. — Plus commun que le *S. roseus*. Mêmes localités. Juillet. — Canada, Rimouski.

* **Clintonia borealis** Rafin. — Lieux légèrement humides,

particulièrement à l'ombre des buissons de Sapins (*Convallaria borealis* L.). C. Juin. — Du Canada au Missouri.

* **Smilacina stellata** Desf. — Plaine marécageuse entre les deux ruisseaux de la Terre-Grasse; bords du ruisseau de la Carcasse Est; AC. Juillet.— Canada, bords du lac Saint-Jean.

Smilacina trifolia Desf. — Partout dans les lieux humides; autour du lac; cap Miquelon. CC. Fin juin-juillet. — Du Canada en Pensylvanie, Asie boréale, Sibérie; manque à l'Europe.

Smilacina bifolia Desf., var. *Canadensis* Gray.— Partout dans les lieux humides. CC. Fin juin-juillet. — Du Canada au Wisconsin.

L'*Asparagus officinalis* L. est peu cultivé. On parvient, à force de soins et d'engrais, à obtenir de jeunes pousses comestibles.

Liliacées

Les *Allium schœnoprasum* L., *ascalonicum* L., *cepa* L., *sativum* L., *porrum* L., prospèrent dans les jardins.

Le *Lilium candidum* L. et quelques autres espèces du genre sont très rustiques et se cultivent en pleine terre sans avoir à souffrir de l'hiver.

Melanthacées

* **Tofieldia glutinosa** Michx. — C. à Miquelon, sur le bord du ruisseau de la Carcasse et dans tous les endroits marécageux. Fleurit vers la mi-août. — Rare au Canada, Ohio.

Typhacées

Sparganium natans L. — Eaux stagnantes au nord du chemin de la grande Coupée. — Canada, Montréal.

Alismacées

Triglochin maritimum L. — Marécages salés. C. Juin-juillet. — Du Canada à la Louisiane.

Eriocaulonées

Eriocaulon septangulare Willd. — Submergé presque entièrement dans les mares, entre le morne du Chapeau et le ruisseau de la Carcasse Est; étang au sud de la butte d'Abondance. CC. Août-septembre. — Haut-Canada Ecosse, Irlande.

Naiadées

Potamogiton natans L.— Eaux stagnantes, vers la grande Coupée et dans la plaine de Miquelon.

Potamogiton perfoliatus L. — Mêmes localités.

Joncées

Luzula pilosa Willd. — CC. Juillet.

Luzula campestris, v. *congesta* DC. — Vulgo : *Rouche.* — Lieux marécageux. CC. Juillet. — Canada.

* **Luzula melanocarpa** Desv. — C. Juillet. — Canada.

Luzula multiflora Lejeune. — CC. Juillet. — Cap Miquelon.

* *Juncus Pylœi* spécial aux îles Saint-Pierre Miquelon (Kunth, *Enum. plant.*, III). Non retrouvé.

Juncus balticus Willd. — **Juncus glaucus** Ehrh. — **Juncus lamprocarpus** Ehrh. — **Juncus filiformis** L. — **Juncus tenageia** L. — **Juncus effusus** L. — **Juncus bufonius** L. — CC. Dans l'île. — Juillet.

Les *Juncus conglomeratus, trifidus, biglumis* L., *can adensis* Laharpe signalés par Gauthier, n'ont pas été retrouvés.

Cypéracées

Eriophorum vaginatum L. — Marais tourbeux. CC. Juin. — Canada.

Eriophoron russeolum Fr. — AC.

Eriophoron polystachyum, v. *latifolium* L. et v. *angustifolium* — CC. Juin-août.

* **Eriophoron virginicum** L. — CC. Août.

Carex panicea L. — CC. Juin.

* **Carex xanthophysa** Wahl. (*C. folliculata* L). — CC. Août. Marécages à l'ouest du Chapeau.

* **Carex aperta** Boot, près du Chapeau.

Carex pauciflora Leight. — C. Juillet.

Carex Œderi Ehrh. — C. Juillet.

Rhynchospora alba Willd. — C. Août.

Scirpus cæspitosus L. — CC.

* **Scirpus atro-virens** Willd. — CC. Ruisseau de la Carcasse.

Ces Cypéracées, qui sont indigènes et habitent en grande quantité les marécages et les plaines tourbeuses de Miquelon, au milieu des Sphagnum, croissent aussi au Canada.

GRAMINÉES

Agrostis alba L. — **Festuca elatior** L. — **Avena elatior** L. — **Bromus mollis** L. — **Dactylis glomerata** L. — **Lolium perenne** L. — **Phleum pratense** L. — **Anthoxanthum odoratum** L. — **Cynodon dactylon** PERS. — **Poa pratensis** L. — Introduites d'Europe ou du continent américain.

* **Bromus canadensis** MICHX. — Grande Miquelon.

* **Poa canadensis** PALIS. — Grande Miquelon.

Triticum repens L. — Indigène aux îles S.-P. M. — Canada, bords de la Saskatchawan ; Montagnes-Rocheuses.

* **Elymus mollis** TRIN. — Trois bourques ; banc de galets. — C. Juillet.

Ammophila arenaria LINDL. — Les racines fortes et traçantes de cette Graminée retiennent efficacement les sables sur les dunes de l'ouest et de Mirande. On la retrouve du Canada au Michigan, sur les bords de la mer et des lacs.

Les *Avena sativa* L., *Triticum sativum* L., *Secale cereale* L., *Hordeum vulgare L.* ont été cultivés avec succès à Langlade. Le *Zea mays* L. se développe bien, mais ne mûrit pas.

L'impression du catalogue des phanérogames était à peu près terminée lorsque nous avons eu connaissance de la *Florule des îles Saint-Pierre et Miquelon*, que vient de publier M. le docteur Bonnet. Cette Florule, établie d'après les échantillons en nature provenant de La Pylaie et conservés au Muséum de Paris, comprend un assez grand nombre d'espèces (surtout de Saint-Pierre), qui n'ont pas été recueillies par le docteur Delamare, dont les recherches concernent principalement la grande Miquelon. Le docteur Delamare ne pouvait connaître les découvertes de La Pylaie, ce dernier n'ayant rien publié à ce sujet, et l'on s'expliquera ainsi que le nom de La Pylaie n'ait pu être indiqué, le cas échéant, comme celui de premier collecteur.

Les considérations générales qui précèdent notre énumération n'ont été rédigées que d'après les seules espèces trouvées par le docteur Delamare, et nous renvoyons le lecteur, pour les détails et l'indication des localités, à l'intéressant mémoire de M. le docteur Bonnet. Nous nous bornerons à mentionner les listes succinctes des espèces qui manquent à notre Catalogue et qui provienneut en grande partie des récoltes de La Pylaie à Saint-Pierre. Il faut admettre d'ailleurs que la Flore des îles Saint-Pierre et Miquelon a pu se modifier par l'introduction ou la disparition d'un certain nombre d'espèces depuis l'exploration de La Pylaie, qui date de près de trois quarts de siècle.

Espèces américaines

Thalictrum diœcum L.
Acer spicatum Lam.
Prinos verticillata L.
Nemopanthes canadensis DC.
Rubus strigosus Michx.
Rosa Caroliniana L.
Myriophyllum tenellum Bigel.
Œnothera biennis L.
Anaphalis margaritacea B et H.
Gaylussaccia dumosa Torr. et Gray,
Gaylussaccia resinosa Gray.
Bartonia verna Muhl.
Halenia deflexa Gris.
Mentha canadensis L.
Rumex salicifolius Weinm.
Laportea canadensis Gaudich.
Salix Cultori Tueck.
Betula Michauxii Spach.
Betula papyrifera Michx.
Myrica cerifera L.
Taxus canadensis Willd.
Ruppia rostellata Koch.
Phalanthera dilatata Lindl.
Gymnadenia tridentata Lindl.
Carex vulpinoidea Michx.
Carex crinita Lam.
Carex intumescens Rudge.
Spartina cynosuroides Willd.

Le *Ruppia rostellata* Koch est une espèce maritime. Les *Gaylussaccia resinosa*, *Carex vulpinoidea*, *Carex intumescens* s'avancent vers le sud jusqu'en Louisiane, comme les espèces de notre liste (D).

Espèces communes à l'Amérique et à l'Europe

Ranunculus reptans.
Arenaria laterillora.
Stellaria borealis.
— longifolia.
— uliginosa.
Cerastium viscosum.
Potentilla norvegica.
Circæa alpina.
Galium triflorum.
Galium trifidum.
Arctostaphylos uva ursi.
Pirola minor.
Convolvulus sepium.
Scutellaria galericulata.
Callitriche verna.
Potamogiton heterophyllus.
Lemna minor.
Sparganium simplex.
Heleocharis palustris.
Eriophorum alpinum.
Aira cæspitosa.
Aira flexuosa.
Holcus lanatus.
Poa laxa.

Espèces introduites ou dont l'indigénat est douteux

Ranunculus sceleratus.
Barbarea vulgaris.
— precox.
Thlaspi arvense.
Geranium Robertianum.
Stellaria media.
Vicia sativa.
Ervum tetraspermum.
Montia fontana.
Sonchus oleraceus.
Sonchus asper.
Matricaria inodora.
Senecio vulgaris.
Cirsium arvense.
Gnaphalium uliginosum.
Galeopsis tetrahit.
Polygonum persicaria.
Polygonum lapathifolium.
Urtica urens.
Agrostis vulgaris.
Cynosurus cristatus.

Espèces maritimes

Lepigonum medium, Lepigonum salinum, Ruppia rostellata.

Ces listes, qui complètent l'énumération des espèces observées par le docteur Delamare, principalement à la Grande Miquelon, ne modifient pas d'ailleurs les conclusions que nous avons données dans nos préliminaires sur le caractère de la flore de la colonie. Si on néglige les plantes introduites, dont on ne peut réellement tenir compte pour apprécier la végétation d'une région, on trouve que sur l'ensemble des phanérogames observées, les espèces américaines entrent dans la proportion de 46 pour cent, et les espèces boréales ou subalpines, dans la proportion de 62 pour cent.

CRYPTOGAMES VASCULAIRES

Fougères

* **Osmunda cinnamomea** L. — Lieux humides. Abonde partout. Juillet. — Canada, Québec, Louisiane.

Pteris aquilina L. — CC. Août. — Canada, États-Unis, Louisiane.

***Nephrodium Noveboracense** Hook. — Lieux humides et ombragés, entre les deux ruisseaux de la Terre-Grasse. C. Août. Canada.

Polystichum callipteris DC. (*Aspidium cristatum* Sw.). — Lieux humides. Mornes de Mirande. CC. Août-septembre. — Canada.

Polystichum spinulosum DC. — Lieux humides. Versant nord du Chapeau. CC. Août. — Canada.

Polypodium vulgare L. — Lieux pierreux. Pentes du Chapeau ; Calvaire. CC. Mai-août. — Canada, États-Unis.

Polypodium phegopteris L. — Dans les buissons, lieux humides. Au Cap ; autour du lac. C. — Canada, États-Unis.

* **Polypodium hexagonopterum** MICH. — Grande Miquelon.

L'*Osmunda spectabilis*, signalé par Gauthier, n'a pas été retrouvé.

LYCOPODIACÉES

Lycopodium annotinum L. — Lieux humides, au pied des mornes. AC. La poudre des Coniothèques de cette espèce est assez abondante pour être employée dans l'intertrigo des enfants.

Lycopodium complanatum, **L. clavatum**, **L. inundatum** et * **L. dendroideum** MICH. — Même dispersion à Miquelon que le précédent.

Le *Lycopodium alpinum* L., signalé par Gauthier, n'a pas été retrouvé. *L. Selago* L. est signalé dans la Florule du Dr Bonnet.

EQUISÉTACÉES

Equisetum silvaticum L. — Marécages autour du Calvaire ; le long du ruisseau de la Carcasse Est ; plaine de la Terre-Grasse. CC. Juin.

Equisetum limosum L. — Havre de la Terre-Grasse, presque entièrement submergé. C. Juillet.

Autres espèces signalées dans la Florule du Dr Bonnet, *E. arvense* L., *E. variegatum* SCHLEICH.

CRYPTOGAMES CELLULAIRES

MOUSSES

La végétation muscinale de Miquelon, outre quelques traits qui lui sont propres, a la plus grande analogie avec celle de la moitié méridionale de la Scandinavie ou de la zone subalpine des montagnes de l'Europe moyenne. Les trois quarts des espèces qui la composent se retrouvent en effet dans la région supérieure des Sapins de ces montagnes, c'est-à-dire de 900 à 1100^{m} d'altitude dans les Vosges, de 1200 à 1400^{m} dans le Jura, et de 1500 à 1800^{m} dans les Pyrénées, et il est remarquable que la température moyenne (+ 5 degrés centigrades), le régime pluvial et la durée de persistance de la neige, dans cette zone montagneuse, sont sensiblement les mêmes qu'à Miquelon (1).

Parmi ces espèces subalpines nous citerons :

Dicranum elongatum.	Tetraplodon mnioides.
— longifolium.	Ulota Drummondii.
— fuscescens.	Brachythecium reflexum.
— Schraderi.	— Starkei.
Racomitrium fasciculare.	Plagiothecium Muhlenbeckii.
Bryum Duvalii.	Hypnum reptile.
— pallescens.	Hylocomium umbratum.
— cirratum.	Andreæa petrophila.

Puis viennent des espèces de la zone silvatique moyenne :

Dicranella cerviculata.	Fontinalis squamosa.
Dicranum majus.	Antitrichia curtipendula.
— montanum.	Brachythecium plumosum.
Trematodon ambiguus.	Hypnum imponens.
Didymodon cylindricus.	— uncinatum.
Racomitrium aciculare.	— stramineum.
— lanuginosum.	— eugyrium.
Ulota intermedia.	— Crista-Castrensis.
Splachnum ampullaceum.	— fluitans.
Polytrichum gracile.	— lycopodioides.
Bryum inclinatum.	— scorpioides.
Webera nutans.	Hylocomium loreum.

Enfin, des espèces qui, en Europe, apparaissent dès les lignes inférieures de la région des forêts. En revanche, absence complète des Mousses méridionales et de la plupart des espèces européennes des régions basses qui s'avancent au nord jusqu'en Suède. C'est à peine si l'on pourrait citer cependant six espèces cosmopolites, communes à Miquelon et aux plaines du midi de l'Europe : *Grimmia acrocarpa*, *Funaria hygrometrica*, *Brachythecium rutabulum*, *Hypnum cupressiforme*, *H. cuspidatum*, *H. purum*, *Ceratodon purpureus*.

(1) Voir *Bryogéographie des Pyrénées*, par le Dr Jeanbernat et F. Renauld, 1 vol. in-8, 196 pages. (Extrait des Mémoires de la Société des sciences naturelles de Cherbourg, 1880.)

Nous avons été surpris de ne pas recevoir de Miquelon un assez grand nombre d'espèces qui se rencontrent habituellement dans les tourbières du nord de l'Europe : *Cinclidium*, *Splachnum*, *Paludella*, *Bryum* (*Cladodium*), *Meesea*, *Mnium* et surtout *Hypnum* de la section *Harpidium*, ces derniers représentés cependant par d'abondantes et robustes touffes monèques et fertiles du *H. fluitans* (1). Assurément l'exploration de Langlade, ou petite Miquelon, est restée fort incomplète ; mais comment expliquer l'absence de ces Mousses si essentiellement turficoles à la grande Miquelon ? Nous sommes enclins à supposer que la végétation exubérante des Sphagnum y nuit aux autres plantes. De fait, entre leurs touffes serrées nous n'avons guère constaté que les *Hypnum stramineum* et *fluitans*, qui souvent en sont réduits à croître par tiges isolées et grêles.

A l'exception du *Pogonatum capillare*, aucune espèce véritablement arctique n'a été constatée à Miquelon ; mais on y rencontre un certain nombre de Mousses qui, en Europe et en Asie, sont spéciales aux régions du Nord (Scandinavie, Sibérie) et manquent aux montagnes élevées de l'Europe moyenne : ce sont : 1° *Dicranum tenuinerve* Zett., déjà récolté à Terre-Neuve et au Labrador, ainsi que nous avons pu nous en assurer par l'examen d'échantillons qu'a bien voulu nous communiquer M. Bescherelle, mais non connu sous son véritable nom, à moins qu'il ne faille l'identifier avec le *Dicranum labradoricum* C. Müll. ; 2° *Brachythecium latifolium* Lindb., nouveau pour l'Amérique; 3° *Plagiothecium turfaceum* Lindb.; 4° *Thyidium Blandowii* Sch., qui s'avance un peu dans l'Europe moyenne, sans dépasser toutefois le 51° parallèle ; 5° enfin la var. *orthothecioides* Lindb. du *Hypnum uncinatum*.

Les espèces maritimes sont représentées à Miquelon par *Grimmia maritima* et *Ulota phyllantha*.

Il nous reste maintenant à parler des espèces exclusivement américaines de notre colonie, et ces espèces sont peu nombreuses. Tandis que les phanérogames de cette catégorie entrent dans la proportion d'environ 46 °/₀ du nombre total des espèces, sur les quatre-vingt-quatorze Mousses observées à Miquelon, on ne peut guère en citer que quatre extra-européennes, c'est-à-dire

(1) Les *Hypnum scorpioides* et *lycopodioides* n'ont été trouvés encore que dans une seule mare à fond vaseux.

4,2 %. Ce sont : *Dicranum miquelonense* REN. et CARD., créé pour une forme dont on ne pourra juger exactement la valeur spécifique que lorsqu'elle aura été trouvée fertile ; *Brachythecium Novae Angliae* SULL., qui semble confiné dans les parties voisines du continent américain ; enfin, les *Raphidostegium recurvans* SULL. et *Hypnum curvifolium* HEDW., qui sont répandus dans les États de l'est et s'avancent vers le sud jusqu'en Caroline.

Connaissant la grande puissance de diffusion des Mousses, on pourrait être surpris que si peu d'espèces américaines arrivent jusqu'à Miquelon, si l'on ne savait que la plupart des espèces endémiques (1) des Etats de l'est ne dépassent guère vers le nord le 44e parallèle et pénètrent peu au Canada, dont la flore muscinale offre, en revanche, la plus grande analogie avec celle du nord de l'Europe et de la Sibérie. C'est bien à cette région canadienne qu'appartiennent Terre-Neuve et Miquelon, malgré les différences entre le climat maritime de ces îles et le climat continental du Canada.

Déjà les *Helodium paludosum* et *Climacium americanum* paraissent manquer à Miquelon, où ils sont remplacés, le premier par *Thyidium Blanuowii*, et le second par *Climacium dendroides*. Cependant, sous le rapport de la quantité de dispersion de certaines espèces, Miquelon offre encore quelques traits communs avec les États de l'est du continent américain, traits qui se reproduisent également dans la flore du Canada, dont celle de Miquelon n'est qu'un reflet ; c'est en particulier l'abondance des *Hypnum reptile* et *H. imponens*, beaucoup plus disséminés en Europe. Il est remarquable que, tandis que *Ulota intermedia* SCH. (probablement peu distinct de *Ulota americana* MITT.) pullule sur les Bouleaux et les Sapins de Langlade et que *Ulota Drummondii* n'y est pas rare, on n'a

(1) Bruchia flexuosa, Archidium ohioense, Fissidens limbatus, obtusifolius, Ptychomitrium incurvum, Drummondia clavellata, Orthotrichum ohioense, strangulatum, Schlotheimia Sullivantii, Aulacomnium heterostichum, Pogonatum brevicaule, Cryphaea glomerata, Leptodon trichomitrium, ohioense, Leucodon julaceus, Clasmatodon parvulus, Thelia, Leskea obscura, denticulata, Pylaisia intricata, velutina, Cylindrothecium seductrix, Climacium americanum, Thyidium scitum, gracile, Brachythecium acuminatum, Eurhynchium Boscii, Rhynchostegium serrulatum, Amblystegium compactum, etc., etc.

rapporté encore de cette île aucun échantillon d'un *Orthotrichum* quelconque. L'*Ulota phyllantha* reste stérile comme en Europe; il en est de même de quelques espèces qu'on trouve rarement munies de capsules : *Dicranum montanum*, *Leucobryum glaucum*, *Racomitrium lanuginosum*, *Antitrichia curtipendula*, *Fontinalis squamosa*, *Climacium dendroides*, *Hypnum arcuatum*, *cuspidatum*, etc. En revanche, les *Dicranum majus*, *D. undulatum*, *D. Schraderi*, *Aulacomnium palustre*, *Hypnum stramineum* fructifient communément à Miquelon.

En ce qui concerne les formes spéciales qu'affectent certaines espèces, il faut citer tout d'abord les variétés à capsule pâle et striée et à feuilles ténues du *Dicranum scoparium* (var. *sulcatum* R. et C., v. *pallidum* C. M.), qui sont très répandues à Miquelon et dans les Etats de l'est du continent américain, tandis qu'elles n'existent peut-être pas en Europe, ou y sont mal caractérisées.

Parmi les autres formes nouvelles que nous avons reconnues à Miquelon et qui pourront se retrouver au Canada, nous indiquerons la var. *flexicaule* R. et C. du *Dicranum scoparium*, le **Racomitrium Delamarei* R. et C., qu'on serait tenté de considérer comme une espèce propre, la variété à feuilles obtuses largement acuminées du *Hypnum arcuatum*, et la forme spéciale qu'affecte à Miquelon le *Hypnum eugyrium* Sch.

Parmi les espèces de notre énumération, les suivantes n'avaient pas encore été indiquées en Amérique : *Dicranum tenuinerve* Zett. (signalé sous le nom de *D. elongatum*), *Fontinalis squamosa*, *Brachythecium latifolium* Lindb., *Amblystegium porphyrrhizum* Lindb., *Hypnum arcuatum*.

CRYPTOGAMES CELLULAIRES

Mousses

Dicranella cerviculata Sch. — Lieux tourbeux. Anse de la Garonne au cap Miquelon. Rare.

Dicranella heteromalla Sch. — Lieux argileux. Près du ruisseau Tabarou, sur les hauteurs du cap Miquelon; butte aux Truites près de l'étang de Mirande. Peu commun.

Dicranum montanum HEDW. — Troncs pourris à Langlade; à la grande Miquelon, près du ruisseau du Renard. Rare.

Dicranum longifolium HEDW. — Rare à Miquelon.

Var. *compactum* REN. et CARD. — Petite forme à touffes très compactes. Tige de un-deux centimètres; feuilles de moitié plus courtes que dans le type, dressées, raides ou légèrement flexueuses, non homotropes; nervure sillonnée et fortement rugueuse sur le dos, *très large*, occupant 1/2 et parfois 3/4 de la feuille à la base; cellules suprabasilaires plus courtes que d'habitude. Stérile.

Dicranum elongatum SCHW.— Sur la terre tourbeuse. AC· Dans la plaine du bourg de Miquelon. Stérile; petite forme à tiges et à feuilles courtes.

Dicranum tenuinerve ZETT. — Peu commun; tourbière de la Terre-Grasse. Stérile. — Nos échantillons sont robustes et les tiges atteignent jusqu'à huit centimètres de longueur. Plante intermédiaire entre les *Dicr. Schraderi* et *elongatum*; se distingue du premier par le port un peu plus grêle, les feuilles obtuses entières et la nervure mince évanouissante, du second par le port qui a plus d'analogie avec celui du *D. Schraderi*, par les feuilles dressées ou à peine incurvées, non homotropes, plus larges, plus brièvement acuminées, arrondies au sommet et par le tissu (cellules à parois sinueuses).

Après avoir examiné plusieurs échantillons du Groenland que nous devons à l'amabilité de M. Bescherelle nous avons constaté des transitions évidentes qui relient le *Dicr. elongatum* au *Dicr. tenuinerve* ZETT. Il sera donc préférable de considérer ce dernier comme une sous-espèce du *Dicr. elongatum* SCHW. Ajoutons que si l'on en juge par la description de Müller, le *Dicr. labradoricum* C. MÜLL. serait bien voisin du *Dicr. tenuinerve* ZETT., sinon identique.

Dicranum miquelonense REN. et CARD. — Plaine du bourg de Miquelon et, sur un rocher, près de l'anse de la Roncière. Stérile.

Bien que les affinités de cette plante restent pour nous incertaines par suite de sa stérilité, nous la plaçons ici parce qu'elle offre quelque analogie avec le *Dicr. tenuinerve* ZETT.

Touffes petites, très compactes, tiges longues de 1-2 centimètres. Feuilles petites, lancéolées, brièvement acuminées, dressées-imbriquées ou légèrement courbées, carénées, involutées-tubuleuses dans la moitié supérieure, entières ou munies de quelques dents au sommet qui est obtus ou sub-obtus et parfois un peu cucullé, nervure n'atteignant pas le sommet, rugueuse sur le dos ; cellules du tiers inférieur *rectangulaires*, assez courtes, à parois *non épaisses*, devenant carrées ou irrégulièrement *anguleuses*.

Cette plante diffère par le tissu des *Dicr. elongatum* et *tenuinerve* dont les cellules sont étroites, allongées, atténuées et obtuses aux extrémités, avec des parois fortement épaissies.

Dicranum scoparium L. — Cette espèce présente à Miquelon et dans les parties voisines du continent américain des variations dont les unes sont analogues à certaines formes d'Europe et d'autres notablement différentes.

Parmi les nombreux échantillons que nous avons reçus de Miquelon, nous n'en avons trouvé pour ainsi dire aucun qui se rapporte exactement au type européen de l'espèce. Habituellement la teinte générale de la plante et surtout de la capsule reste plus pâle ; mais ce caractère sur lequel est fondé principalement le *Dicr. pallidum* C. MÜLL. n'est pas d'une fixité absolue, non plus que celui tiré des cellules à parois non ou peu interrompues ; les autres caractères compris dans la diagnose de Müller, assez incomplète d'ailleurs, ont encore moins d'importance.

L'inflorescence y est dite monèque (*Flos masculus in ramulo axillari gracillimo)*; or, dans les échantillons qui se rapportaient le mieux au *Dicr. pallidum*, nous avons trouvé les rares fleurs mâles que nous avons pu apercevoir placées sur une tige plus grêle que les tiges femelles qui l'entouraient et naissant au milieu d'un paquet de radicules, comme cela se produit dans le *Dicr. scoparium*. Nous ne pouvons donc considérer le *Dicr. pallidum* comme une espèce propre. D'un autre côté, la plupart des échantillons de Miquelon offrent relativement au type du *Dicr. scoparium* certaines différences assez notables dont Müller ne fait aucune mention ; les dents du péristome sont ordinairement élargies et marquées à la base de deux, plus rarement de trois lignes divisurales interrompant les traverses, celles-ci plus irrégulières dans leur direction ; la capsule est plus ou moins régulièrement *plissée* à l'état sec ; la membrane capsulaire est moins épaisse et *moins solide*. Quand on l'étale sous le microscope, on aperçoit distinctement des *bandes longitudinales* d'une couleur plus foncée qui correspondent aux plis et qui sont formées de cellules plus allongées et à parois sinueuses *plus épaisses* que les autres.

L'expression la plus complète de ces différences relativement au *Dicr. scoparium* type se présente dans la forme suivante :

Var. *sulcatum* Ren. et Card. — Touffes jaunâtres, port *plus grêle ;* feuilles dressées ou étalées, parfois flexueuses ou même un peu tordues, plus étroites, longues (7-10 mm.) plus *finement subulées*, munies de dents *plus saillantes* et plus aiguës ; tissu plus délicat, cellules ordinairement dépourvues de chlorophylle, moins poreuses, à parois souvent peu épaissies ; pédicelle *plus grêle*, vivement *tordu* vers la droite, *pâle* ; capsule d'un *roux peu foncé*, *distinctement plissée* à l'état sec, membrane capsulaire *plus mince*.

Cette variété remarquable, qui se distingue à première vue par son port grêle assez analogue à celui du *Dicr. longifolium*, croît à la grande Miquelon sur les buttes sèches (près du cap), au milieu des tourbières, et surtout à Langlade, où elle est commune sur les troncs d'arbres de la grande Anse.

Ces caractères s'atténuent dans d'autres échantillons qui se rapprochent ainsi davantage par leurs organes de végétation des formes ordinaires du *Dicr. scoparium*, tout en gardant la teinte pâle du pédicelle et de la capsule ; on pourrait leur consacrer le nom de var. *pallidum* Müll.

Parmi les autres formes du *Dicr. scoparium* croissant à Miquelon, nous signalerons les suivantes :

Var. *spadiceum* Zett. — A peu près identique à la plante d'Europe. Feuilles *dressées entières* ou sub-entières, acumen médiocre *sub-obtus*, nervure disparaissant au-dessous du sommet. Cellules sinueuses et poreuses. — Autour du lac aux Outardes.

Var. *compactum* Ren. — Rev. bryol. Boulay, *Musc. Fr.*, page 484. Touffes *très compactes*, feuilles légèrement homotropes, souvent cassées à la pointe, *raides*, dentées, acumen *court*. Stérile.

Var. *flexicaule* Ren. et Card. — Tige longue, *grêle*, *couchée*, puis redressée, *flexueuse*, innovations grêles atteignant ou dépassant les capsules ; feuilles *dressées*-incurvées peu flexueuses, assez longuement acuminées (acumen large sub-obtus) *entières* ou sinuolées-crénelées (dents obtuses peu saillantes), nervure n'atteignant pas le sommet ; capsule rousse, irrégulièrement bosselée-plissée à l'état sec ; cellules à parois minces très sinueuses non ou très peu poreuses.

Cette dernière forme, très distincte par son port spécial et ses feuilles presque entières, a été récoltée dans un marécage tourbeux de la grande Miquelon.

Dicranum majus Turn. — AC. et souvent fertile. Butte autour du ruisseau Bibite à l'extrémité sud du bourg de Miquelon ; sur les écorces du bois du cap Vert ; Langlade, près de la grande Anse, etc.

Se présente parfois sous une forme à feuilles moins longues, dressées (forma *orthophylla*), analogue à celle que produit le *Dicr. scoparium* (v. *orthophyllum*).

Dicranum fuscescens Turn. — AR. à Miquelon sur les troncs pourris ; colline du Chapeau, cap Miquelon ; fréquent à Langlade sur les écorces. Grande Anse, petit Barachois, etc.

Varie peu et par ses touffes jaunâtres de petite taille et par la nervure assez large, occupant 1/5 et même 1/4 de la feuille à la base appartient bien au *Dicr. fuscescens* tel que l'entend Lindberg ; une forme de couleur verte avec une nervure plus étroite récoltée près du ruisseau du Renard semble correspondre au *Dicr. congestum* Brid. (Vide : Lindberg : *Musci scandinavici*, pages 23, 24).

Dicranum undulatum Ehrh. — C. et souvent fertile sur les pentes de la colline du Chapeau.

Dicranum Schraderi Schw. — Abonde et fructifie assez souvent dans la plupart des tourbières de la grande Miquelon ; près du ruisseau de l'Anse entre le Bec et le cap Miquelon ; cabanes de l'Ouest, etc.

Se présente sous trois formes :

1° Forma *compacta*. — Touffes très compactes souvent noirâtres, de petite taille, feuilles dressées, raides, non ondulées, acumen court.

2° Forma *intermedia*. — Correspond au type.

3° Forma *subtortuosa*. — Touffes molles, tiges longues, feuilles espacées fortement ondulées, longues, étalées, flexueuses et plus ou moins crépues à l'état sec. Cette forme rappelle le port du *Dicr. elatum* Lindb.

Trematodon ambiguus Hedw. — R. Sur la terre tourbeuse, chemin du Boyau. Fertile.

Leucobryum glaucum Sch. — AC. Sur les mornes du cap Miquelon ; sommet du Calvaire. Stérile.

Ceratodon purpureus Brid. — CC. Sur la terre et les troncs pourris.

Barbula tortuosa W. et M. — AC. Sur les rochers granitiques de la route du cap Blanc et du cap Blanc. Stérile.

Didymodon tenuirostris Wills. — R. Sur les pierres du ruisseau du Renard. Stérile.

Grimmia apocarpa Hedw. — AC. Sur les pierres, près du ruisseau du Renard.

Grimmia maritima Turn. — Sur les rochers maritimes de la grande Miquelon. Paraît R. Fertile. Rochers de Pousse-Trou au cap Miquelon ; bords du grand Étang (eau salée).

Racomitrium aciculare Brid. — AR. Sommet du cap à Paul ; sur une roche de l'étang de Mirande. — Fertile.

Racomitrium fasciculare Brid. — A. R. Sur les pierres, près du ruisseau du Renard. — Stérile.

Racomitrium lanuginosum Brid. — Se présente sous deux formes distinctes :

Forme *rupestris.* — Touffes robustes, déprimées, s'étalant sur les pierres, très grisonnantes, tiges trapues, flexueuses, fortement noduleuses, à rameaux rapprochés et entrecroisés, poil très long. — Sur les pierres, près des ruisseaux de la Carcasse E. et O. et du Renard. — Stérile.

Forme *terrestris.* — Tapis très étendus, tiges longues (10-18 cent.), *dressées*, peu flexueuses, grêles, à peine noduleuses, rameaux espacés, courts; poil plus court, devenant parfois presque nul (var. *subimberbe* Hartm.). Cette forme abonde sur la terre tourbeuse, où elle est presque aussi commune que les *Sphagnum.* — Autour de l'étang des Joncs, près de la colline du Chapeau, près des ruisseaux de la Carcasse et du Renard, etc. — Stérile.

Racomitrium canescens Brid. — Le type et la var. *ericoides* H. et H. n'ont pas été signalés à Miquelon.

Subspecies.— * *R. Delamarei* Ren. et Card.— Forme remarquable, qui couvre des espaces étendus sur la terre tourbeuse, au pied de la colline du Chapeau. Touffes jaunâtres, tiges longues de 4-5 cent., noduleuses, rameaux courts dressés, feuilles dressées à l'état sec, raides, souvent cassées à la pointe, dépourvues de poil (entièrement vertes, ou plus rarement à peine hyalines à la pointe), *presque lisses* (les bords ne portent pas trace de la saillie des papilles), *nervure atteignant le sommet.* — Stérile. Bien distinct de la var. *lutescens* Lesq. et James.

Ulota phyllantha Brid. — Rare à Miquelon sur les rochers, roche bleue de la ferme Granjean, à quelques mètres de la mer; plus commun à Langlade sur les troncs, bois de la ferme Cuquemel au petit Barachois. — Stérile.

Ulota intermedia Sch. — Rare à Miquelon, par suite du déboisement, mais abonde à Langlade sur les troncs de Sapins et de Bouleaux, où il forme des coussinets étendus ayant parfois

10-12 centimètres de diamètre. Cette espèce (?) ne diffère guère de *U. crispula* que par le développement luxuriant des touffes et les feuilles un peu plus longues; la capsule est la même. D'après M. Venturi, cette forme serait plutôt intermédiaire entre les *U. crispula* et *U. Bruchii* qu'entre les *U. crispula* et *crispa*. — Maturité précoce.

Il est probable que le *Ulota Americana* Mitt. né diffère pas sensiblement de notre plante.

Ulota Drummondii Brid. — Troncs de Sapins et de Bouleaux à Langlade, aux environs de la Belle Rivière. Moins commun que le précédent et maturité plus tardive. Cette belle espèce, un peu plus robuste à Miquelon que nos échantillons d'Europe, et qui ressemble à *U. Ludwigii* par le port et l'absence de cils au péristome, se distingue facilement à première vue par sa capsule longuement atténuée, fusiforme et d'un brun roux dans la partie supérieure, tandis que la base reste pâle.

Tetraphis pellucida Hedw. — C. Partout sur les troncs pourris.

Splachnum ampullaceum L.—Peu commun; plaine entre la route du Phare et l'étang du Cap Blanc; plaine entre le ruisseau de la Carcasse Est et le petit ruisseau de la Terre-Grasse; anse de la Roncière. — Fertile.

Tetraplodon mnioides B. et Sch. — Sur une butte, à la bifurcation de la route de l'Ouest. RR. — Fertile.

Funaria hygrometrica Hedw. — Rare. Près du phare du cap Blanc, sur une motte de tourbe fraîchement remuée.

Webera nutans Hedw. — Paraît commun à Miquelon et à Langlade, principalement sur les troncs pourris, où croît la forme ordinaire. C. dans les prairies de l'Anse; plaine de Miquelon, sur la terre au bord des ruisseaux. Var. *subdenticulata* B. E. et *bicolor* H. et H. — Sur des terrains pierreux dans les prairies de l'Anse.

Bryum inclinatum B. E. — AC. Sur la terre, dans la plaine de Miquelon, derrière les maisons de l'Anse et sur les falaises de la Pointe sud (terrains sablonneux).

Bryum Duvalii Voit. — Rare; sur les bords d'un ruisselet, affluent du ruisseau de la Carcasse Ouest.— Plante mâle, stérile.

Bryum pseudo-triquetrum Sch. — C. dans la plaine, entre le ruisseau des Goeliches et les mornes de Sylvain, et au bas du cap Miquelon. — Stérile.

Bryum cirratum H. et H. — Rare, mais fertile et bien caractérisé; rochers de la Butte aux Truites, au bord N. O. de l'étang de Mirande; bords de la source du ruisseau de la Carcasse Ouest.

Bryum pallescens SCHLEICH. — Rare sur les rochers. — Fertile.

Mnium cuspidatum HEDW. — C. Dans les prairies de l'anse de Miquelon. — Fertile.

Mnium affine BLAND. — Var. *insigne* MITT. — AC. Dans une tourbière, entre le grand et le petit ruisseau de la Terre-Grasse. — Stérile.

Mnium hornum L. — CC. et souvent fertile. Bord de l'étang de Mirande et dans presque toutes les parties humides de l'île; cap Miquelon.

Mnium punctatum HEDW. — Var. *elatum* B. E. — AC. et parfois fertile. Bords des ruisseaux du cap Miquelon (Tabaron, des Costes, de l'Anse à la Garonne, etc.); morne de la Cabane à Grandjean; à la naissance du ruisseau de la Carcasse-Ouest.

Cette belle variété présente les mêmes caractères qu'en Europe, c'est-à-dire une taille élevée, des tiges à innovations successives, par étages bien distincts, des feuilles très grandes à margo plus étroit, non épaissi.

Aulacomnium palustre SCHW. — CC. et fertile çà et là. Marécages près de l'anse du gros Gabion; plaines tourbeuses du Calvaire, etc. — La var. *congestum* BOULAY, dans les lieux plus secs.

Philonotis fontana BRID. — C. Mare au pied du cap à Paul; au pied du cap Miquelon, sur les bords de la rade; pré d'Amédée Coste; autour des cabanes de pêche de l'anse à la Garonne. — Fertile.

Atrichum undulatum P. B. — C. dans les terrains humides du « Cap-qui-Relève » et du ruisseau creux du cap Miquelon.

Polytrichum gracile MENZ. — C. lieux tourbeux; plaine du bourg de Miquelon.

Polytrichum formosum HEDW. — C. Grande anse de Langlade; sur la pente du mont Pelé.

Polytrichum juniperinum HEDW. — AC. Cap-qui-Relève; anse et ruisseau creux du cap Miquelon.

Polytrichum strictum MENZ. — AC. dans les tourbières de la grande Miquelon.

Polytrichum piliferum SCHREB. — Lieux secs. Grande Miquelon, sans indication de localité.

Polytrichum commune L. — CC. dans les tourbières. Plaine de Miquelon; autour du Calvaire, etc.

Pogonatum capillare SCH. — Rare. Fossés de la route des Cabanes de l'Ouest; bords de la route des Anses aux Warys et à Trois-Pics.

Fontinalis squamosa L. — C. sur les pierres dans les ruisseaux du cap (Tabaron, des Coste, de l'anse à la Garonne, etc.). Nouveau pour l'Amérique.

Fontinalis antipyretica L. — Var. *gigantea* SULL. — Ruisseau de la Terre-Grasse. Belle forme luxuriante atteignant 50-70 centimètres de longueur. Commune dans le nord de l'Amérique, mais paraissant rare en Europe, au moins à l'état fertile et bien caractérisé. Nos échantillons sont très richement fructifiés, mais les capsules n'étant pas suffisamment mûres, nous n'avons pu étudier la structure du péristome, ni vérifier complètement si les détails figurés dans les *Icones*, tels que les dents externes faiblement verruqueuses ou presque lisses, à traverses peu nombreuses (15-20), et les cils internes à peine muriqués, imparfaitement disposés en cône treillissé, constituent des caractères suffisants pour considérer comme sous-espèce cette forme remarquable, que Sullivant avait d'abord publiée comme espèce propre. Une seule capsule, un peu plus avancée que les autres, nous a permis d'examiner le péristome; les dents externes, longues de 1 millimètre, sont *faiblement papilleuses* et non percées sur la ligne divisurale; les cils internes, *presque lisses*, forment un treillis imparfait. Ces particularités sont bien d'accord avec la figure des *Icones* de Sullivant; en revanche, les traverses sont *plus fortement saillantes* sur la face interne et plus nombreuses (26-32) que la figure ne l'indique.

Antitrichia curtipendula BRID. — Rare. Près de la colline du Chapeau; près de l'étang Rond. — Stérile.

Thyidium Blandowii SCH. — Terrains marécageux, près de la ferme Olano Lorenzo, Pointe au Cheval. — Rare. — Fertile.

Thyidium delicatulum LINDB. — Près du ruisseau du Renard. AR. — Stérile.

Climacium dendroides W. et M. — Prairies du gouvernement de Miquelon ; près d'une source située entre le grand et le petit ruisseau de la Terre-Grasse. CC. — Stérile.

Brachythecium populeum HEDW.— Pré Grandjean, sur les pierres. — Fertile. — AR.

Brachythecium reflexum SCH.— Sur les branches tombées et les débris de feuilles. Miquelon, près du ruisseau du Renard et Langlade à la Grande Anse. AC. — Fertile.

Brachythecium Novae-Angliae SULL.—Sur la terre humide. Bords du ruisseau de l'Anse à la Garonne, au cap Miquelon ; ruisseau des Costes ; rive gauche du ruisseau du Renard. — AC. — Stérile.

Var. *Delamarei* REN. et CARD. ; diffère du type par des tiges plus courtes, presque simples, par les feuilles plus nettement imbriquées, brusquement contractées en une pointe courte et incisées-dentées à la naissance de l'acumen. Sur l'humus et les écorces au bord du ruisseau Tabaron.

Cette espèce signalée seulement jusqu'à présent dans les montagnes de la Nouvelle-Angleterre appartient au groupe des *Brachythecium glaciale* et *Starkei*. Elle se distingue par ses touffes denses, ses tiges *grêles* dressées, parfois élégamment pennées, par ses feuilles petites, par le tissu serré, composé de cellules *courtes*, ovoïdes ou linéaires, arrondies aux extrémités, à *parois épaisses*, et par son inflorescence diœque.

Brachythecium Starkei BRID. — Sur l'humus et les débris de feuilles près du ruisseau du Renard. Rare. — Fertile.

La plante de Miquelon répond à la description du *B. œdipodium* Mitt. dont nous ne possédons pas d'échantillon. Le pédicelle est plus ou moins rugueux, parfois très peu, les folioles périchétiales dentées ou presque entières, la capsule arquée et fortement inclinée ; mais ces caractères varient dans un même échantillon et il ne nous est pas possible de distinguer spécifiquement notre plante de celle d'Europe. Elle est toutefois plus grêle.

Brachythecium rutabulum B. E. — Çà et là à Miquelon et à Langlade à la base des troncs d'arbres.

La plupart de nos échantillons de Miquelon et ceux que nous avons reçus du Canada par M. l'abbé Rousseau, professeur au collége de Montréal, ont le port plus grêle que la plante d'Europe, et les feuilles plus étroites et plus longement acuminées, ce qui leur donne le faciès du *B. salebrosum*, ils restent toutefois bien caractérisés par le pédicelle fortement papilleux.

Brachythecium rivulare B. E. — Sur les pierres des ruisseaux à Miquelon et à Langlade. AC. — Stérile.

Brachythecium latifolium LINDB. — Bords du ruisseau de la Carcasse Ouest, en face de la butte d'Abondance. — Stérile.

Cette espèce décrite par Lindberg dans les *Musci Scandinavici* (1879) se distingue du *B. rivulare* par le port plus grêle, par les feuilles larges et courtes, deltoïdes, brièvement acuminées, longuement décurrentes, et par le tissu translucide composé de cellules plus larges et plus courtes ; elle croît dans les régions du nord de l'Europe et de l'Asie et n'avait pas encore été signalée en Amérique.

Brachythecium plumosum B. E. — Fréquent à Miquelon et à Langlade sur les pierres dans les ruisseaux. — Fertile.

Raphidostegium recurvans SULL. — Sur l'humus et les débris de feuilles à Miquelon, sans indication de localité. Rare. — Fertile.

Espèce américaine, assez fréquente dans les Etats de l'Est jusqu'en Caroline et peut-être même en Floride. Miquelon est sans doute une de ses stations les plus septentrionales.

Plagiothecium turfaceum LINDB. — Sur les troncs pourris. Près du ruisseau Sylvain ; colline du Chapeau ; anse de la Roncière ; ruisseau des Eperlans ; sur les sapins de la grande anse de Langlade. AC. — Fertile.

Cette espèce habite le nord de l'Europe et la Sibérie ; en Amérique elle est signalée dans les Alleghanys et les Montagnes blanches ; mais ne elle dépasse pas l'Etat de New-Jersey vers le 40e parallèle ; en Europe elle semble se maintenir au nord du 58e parallèle.

Plagiothecium denticulatum B. E.—Sur les troncs pourris. Çà et là. Colline du Chapeau. — AR.

Plagiothecium elegans SCH. — Quelques brins de cette espèce sur la colline du Chapeau.

Plagiothecium Sullivantiae SCH. — Sous les sapins buissonnants au cap Miquelon, autour du lac. Rare. — Fertile.

Nous conservons à cette plante le nom sous lequel elle figure dans le *Manual of the mosses of North America* de M. Lesquereux ; mais en réalité ce n'est qu'une sous-espèce du *Pl. silvaticum* ayant les plus grands rapports avec *Plag. Ræsea-*

num B. et Sch. Sa nervure bifurquée ou simple est ordinairement assez longue et atteint parfois ou dépasse même le milieu de la feuille. Nous avons trouvé des formes identiques dans les Pyrénées.

Plagiothecium Mühlenbeckii Sch. — A terre sous les Sapins buissonnants; morne près du cap Miquelon et autour du lac; sur les pierres, près du ruisseau du Renard; fréquent sur la pente nord du Calvaire où il s'étale en robustes touffes. — Fertile.

Amblystegium serpens L. — Sur une brique, sur le tombeau du baron de l'Espérance. R. — Fertile.

Amblystegium varium Hedw. — Sur les pierres et sur la terre, le long des ruisseaux, à la Grande Miquelon, où il ne paraît pas abondant. — Fertile.

Feuilles ovales-lancéolées insensiblement et assez brièvement acuminées, nervure épaisse à la base dépassant peu le milieu, plus rarement s'avançant jusqu'au 3/4 de la feuille. Cellules courtes à parois un peu épaissies.

Par la forme des feuilles et la consistance ferme du tissu, cette plante se rapproche beaucoup du *H. orthocladon* Beauv., dont elle représente une forme réduite et à nervure plus courte : forma *brevinerve* R. et C. Le *H. orthocladon* Beauv., malgré son port et ses caractères bien tranchés dans certains échantillons, n'est qu'une var. de l'*Ambl. varium* Hedw. caractérisée par sa taille plus robuste, ses rameaux dressés atteignant parfois 1-2 centimètres, ses feuilles ovales brièvement acuminées, sa nervure très épaisse atteignant le sommet, ses cellules courtes à parois fortement épaissies et la capsule légèrement incurvée.

Ce groupe d'*Amblystegium* présente en Amérique des variations si étendues qu'elles forment comme une série non interrompue entre l'*A. serpens* et l'*A. irriguum*. Parmi ces formes nous signalerons, en particulier, celle publiée par Sullivant et Lesquereux dans les *Musci Boreali-Americani* (n° 224) sous le nom d'*Ambl. radicale* Beauv. Elle croît sur les troncs pourris et se distingue par ses feuilles *lancéolées*, insensiblement et longuement acuminées, par la nervure plus mince atteignant le sommet et surtout par ses cellules moyennes *longues* et *étroites* (8-10 fois aussi longues que larges) à parois *minces*. Capsule fortement arquée, processus entiers finement ponctués, cils noduleux. Anneau double.

Nous donnons le nom de *Ambl. varium*, var. *Lesquereuxii* Ren. et Card., à cette forme qui diffère notablement du *H. orthocladum* Beauv., et du type décrit par Schimper sous le nom d'*Ambl. radicale* Beauv., nom qui, d'après M. Lindberg, doit être remplacé par celui d'*Ambl. varium* Hedw. (Voir pour la synonymie : Lindberg, *Musci scandinavici*, page 32, et R. du Buysson : *Étude sur les caractères du genre Amblystegium* dans la Revue de botanique, tome IV, n°s 42 et 43.

Amblystegium radicale P. Beauv. — (*A. porphyrrhizum* Lindb. in Sch. *Syn.* ed. II, non *A. radicale* B. E. Vide R. du Buysson, op. cit.).

Sur la tourbe humide, au milieu des *Sphagnum*, à la grande Miquelon. — Rare.

Notre échantillon étant chétif, nous le rapportons avec doute au véritable *A. radicale* Beauv., tel que l'entend M. Lindberg, et qui croît dans le nord de l'Europe. Nous ne connaissons malheureusement pas ce dernier, mais la plante de Miquelon s'accorde avec la description de l'*A. porphyrrhizum*, qui figure à la page 715 du *Synopsis* de Schimper, et avec celle faite par M. R. du Buysson sur un échantillon récolté à Southport (Angleterre), par M. Th. Rogers.

Par ses rameaux grêles, allongés, par ses feuilles espacées, très étalées ou même squarreuses, elle ressemble beaucoup à l'*A. hygrophilum* Sch., de Nimkau, près Breslau (Silésie), publié par M. Limpricht ; mais elle en diffère par ses feuilles sinuolées à la base et par le tissu plus lâche formé de cellules plus courtes. La nervure faible ne dépasse guère le milieu ; plus rarement elle s'engage dans l'acumen en devenant très mince ; les feuilles sont ovales, obcordées à la base, puis rapidement rétrécies, longuement et finement acuminées. Les cellules moyennes sont 3-5 fois aussi longues que larges.

Hypnum polygamum Wils. — Pré Granjean. Fertile. AR.

Hypnum stellatum Schreb. — Lieux humides, entre la colline du Chapeau et l'étang du même nom. AR. — Stérile.

Hypnum scorpioides L. — Complètement immergé dans une mare à fond vaseux, près de l'étang Beaumont. R. Stérile.

Hypnum lycopodioides Schwægr. — Même localité, mélangé avec le précédent. R. Stérile.

Hypnum fluitans L. — Abonde çà et là dans les tourbières de Miquelon et de Langlade.

Var. *exannulatum* SCH. — Dièque et stérile. C'est la forme à feuilles et à cellules courtes, voisine de la var. *purpurascens*, et que nous avons décrite sous le nom de var. *alpinum* dans la Revue bryologique. (Classification de la section *Harpidium*).

Var. *falcatum* SCH. — Monèque et richement fructifiée.

Var. *gracile* BOULAY. — Monèque et richement fructifiée. — Autour du lac.

Var. *tenellum* REN. — Ruisseau de l'anse de Miquelon. — Stérile.

Var. *stenophyllum* WILS. — Mare près de la grande Coupée. — Fertile.

Nous mentionnerons encore une forme produisant de longs rameaux filiformes, dressés au milieu des Sphagnum, et munie de feuilles espacées très petites : forma *filescens* REN. et CARD.

Hypnum uncinatum HEDW. — C. partout à Miquelon et à Langlade. Fertile.

Var. *orthothecioides* LINDB. — C. dans la plaine du bourg de Miquelon; stérile. — Cette forme est spéciale aux régions du nord de l'Europe, de l'Asie et de l'Amérique.

Hypnum reptile RICH. — Sur les écorces. AC. à Miquelon. Bord du ruisseau des Éperlans; près du grand étang; anse de la Roncière ; sur une roche près du ruisseau du Renard. C. à Langlade sur les troncs; grande anse, etc. Fertile. Passe çà et là à la var. *perichetiale*.

HYPNUM PALLESCENS B. E. — Sur un tronc, à Miquelon. Rare. Fertile.

Notre échantillon est identique à la forme d'Europe et se distingue du précédent par un port plus grêle, des rameaux effilés, des feuilles plus étroites et plus longuement acuminées. Les folioles périchétiales sont uninerviées et l'anneau simple; mais ces deux derniers caractères se retrouvent parfois dans le *H. reptile*, dont le *H. pallescens* B. E. n'est qu'une variété ou au plus une sous-espèce. (Syn. *H. pallescens*, var. *protuberans* BRID. in Lindberg *Musci Scand.* = *H. reptile*, var. *protuberans* in Lesquereux *Manual*.

Hypnum imponens HEDW. — C. à Miquelon et à Langlade, mais rarement fertile, Bords du ruisseau du Renard ; plateau faisant suite au sommet du cap à Paul (cap Miquelon); colline du Chapeau ; grande anse de Langlade, etc.

Cette belle espèce varie très peu à Miquelon, ainsi que dans les États de l'Est du continent américain, où elle est fréquente. Elle croît aussi en Sibérie et en Europe, où elle reste confinée dans le nord ; en dehors de cette zone, on ne la trouve plus que dans de rares localités de la région des Sapins des montagnes, par exemple dans les Pyrénées, où elle a été découverte à la cascade de Sidonie, près Luchon, par notre ami le docteur Jeanbernat.

Hypnum cupressiforme L. — Çà et là à Miquelon, où il fructifie peu. Le type d'Europe, ainsi que les formes robustes, semblent faire défaut; nous n'avons reçu que les variétés suivantes :

Var. *ericetorum* SCH. — Plus grêle que la forme d'Europe. Sur la tourbe sèche, au milieu des Ericinées.

Var. *filiforme* BRID. — Sur les arbres de Langlade.

Var. *pyrenaicum* REN. — Boulay *Musc. Fr.*, page 587. Voisin de la var. *filiforme*, s'en distingue par les tiges rameuses à rameaux entrecroisés, et par les feuilles brièvement acuminées, assez fortement dentées; elle est, en outre, saxicole et s'étale en tapis étendus sur les parois des rochers siliceux dans la région des Sapins des Pyrénées et de l'Auvergne. Elle croît dans les mêmes conditions de station à Miquelon, notamment sur le Calvaire.

Hypnum curvifolium HEDW. — Sur les pierres, près du ruisseau du Renard. AC., mais stérile. Belle espèce américaine, voisine du *H. arcuatum*, et qui s'en distingue par les tiges couchées, élégamment pennées, par les feuilles deltoïdes, cordées à la base et embrassant la tige par de larges oreillettes arrondies; le tissu de la base est composé de cellules courtes, colorées, à parois épaisses, tandis que dans le *H. arcuatum* les angles basilaires sont excavés et formés de cellules hyalines gonflées, à parois minces. Cette espèce est fréquente dans les États de l'est, sans dépasser probablement au nord le Canada, et au sud la Caroline.

Hypnum arcuatum LINDB. — C. dans les lieux humides, autour du Calvaire. Var. *elatum* SCH. Langlade, forme identique à celle d'Europe. Stérile.

Cette espèce a été sans doute confondue en Amérique avec le *H. curvifolium* HEDW. et le *H. pratense* B. E., car elle n'est pas indiquée dans le *Manual* de M. Lesquereux, et cependant elle croît dans les États de l'est et y fructifie même moins rarement qu'en Europe. La var. *demissum* SCH., en particulier, existe à Baltimore (Fitzgerald). Nous avions fait déjà cette observation à notre vénérable ami, lorsqu'il mettait la dernière main à son excellent *Synopsis*; mais sans doute notre lettre n'a pas été suffisamment explicite. Le *Hypnum arcuatum* se rencontre parfois en Amérique, sur les troncs pourris et sous une forme spéciale, ressemblant par le port au *H. curvifolium* HEDW.

(var. *americanum* REN. et CARD.), et caractérisée par ses touffes lâches, ses tiges grêles, couchées, rameuses, plus ou moins régulièrement pennées, par les feuilles plus petites, terminées par un acumen court, large et obtus, ordinairement denticulé. Nous pensons que c'est à une forme analogue que M. Lesquereux fait allusion à la page 396 du *Manual*, celle qui a été publiée sous le nom de *H. curvifolium* HEDW., var. par Sullivant et Lesquereux, dans les *Musci boreali-americani*. Elle appartient pourtant, sans contredit, au *H. arcuatum*, qui a la capsule semblable à celle du *H. curvifolium*, mais qui en reste bien distinct par le tissu des angles basilaires.

Le *Hypnum pratense* KOCH est indiqué aussi en Amérique, et nous l'avons reçu fertile de la Floride, où il a été récolté par notre ami Fitzgerald. Bien que le port soit plus grêle que celui du *H. arcuatum*, et la couleur d'un vert tendre, il est assez difficile à distinguer de certaines formes de ce dernier à l'état stérile, car les feuilles ne sont pas toujours aplanies comme dans le type d'Europe. Le tissu des oreillettes ne diffère pas sensiblement de celui du *H. arcuatum*, seulement l'acumen est plus ordinairement large et obtus. A l'état fertile, l'examen de la capsule lève toute indécision. Elle est petite et lisse, tandis que celle du *H. arcuatum* est du double plus grosse et fortement plissée à l'état sec. Ce caractère, qui est le plus important, n'est pas indiqué par Schimper dans son *Synopsis*.

Hypnum Crista-Castrensis L. — Miquelon et Langlade; colline du Chapeau, cap Miquelon. vallée autour du lac, bords du ruisseau du Renard, autour du lac aux Outardes, grande anse de Langlade, etc. Très commun, mais rarement fertile.

Hypnum eugyrium SCH. — Sur les pierres et les racines d'arbres, sur les bords de la Belle Rivière de Langlade. Rare. Fertile.

Cette forme diffère de celle d'Europe par les feuilles plus petites, par l'acumen court, large, souvent obtus ou subobtus, denticulé, et surtout par les oreillettes non colorées, faiblement marquées, parfois presque nulles.

Hypnum cuspidatum L. — C. mais stérile; passe parfois à la var. *pungens* SCH.

Hypnum Schreberi WILLD.— C. a Miquelon et à Langlade, habituellement stérile. A Miquelon, comme au Canada, cette espèce est souvent lignicole et s'étale en rampant sur les écorces, vers la base des troncs d'arbres, ainsi que sur le thalle des *Peltigera.*

Hypnum purum L. — A la grande Miquelon, sans indication de localité. Cette espèce paraît rare à Miquelon, ce qui concorde avec sa distribution dans les Alpes et les Pyrénées, où elle devient rare dans la zone supérieure des Sapins, sans atteindre la région alpine.

Hypnum stramineum Dicks. — Fréquent et parfois fertile dans les tourbières. Près de la Pointe (fertile), ruisseau Bibite, pré Grandjean, etc.

Var. *exiguum* Ren. Boulay *Musc. Fr.*, page 584. Tiges couchées, courtes, très grêles, filiformes, garnies de feuilles espacées très petites. Cette forme, presque méconnaissable, tant elle diffère du type par son port et ses proportions réduites, croît aussi dans les Pyrénées, notamment sur les bords tourbeux du lac de Liat, au val d'Aran, alt. 2,300 mètres (Dr Jeanbernat).

Hylocomium splendens B. E. — Fréquent à Miquelon et à Langlade, mais rarement fertile.

Hylocomium umbratum B. E. — Près du petit Barachois de Langlade; Miquelon, près du ruisseau du Renard. AC. Stérile. Rampe, comme le *H. Schreberi*, sur les écorces, à la base des troncs et sur le thalle des *Peltigera.*

Hylocomium brevirostre B. E. — A la grande Miquelon, sans indication de localité. Paraît rare. Stérile. Cette espèce, comme le *Hypnum purum*, devient rare dans la zone supérieure des Sapins (subalpine) des Alpes et des Pyrénées, et n'atteint pas la région alpine.

Hylocomium triquetrum B. E. — Fréquent au Calvaire, au ruisseau du Renard et à la colline du Chapeau. Habituellement stérile.

Hylocomium loreum B. E. — Abonde à Miquelon et à Langlade, mais fructifie rarement.

Andreæa petrophila Ehrh. — Sur les pierres, près du ruisseau du Renard, avec *Racomitrium fasciculare.* AR.

SPHAIGNES

Cette partie de notre travail étant rédigée d'après les principes exposés par l'un de nous dans un ouvrage récent sur les

Sphaignes d'Europe (1), nous croyons inutile d'entrer ici dans la discussion des caractères employés pour la distinction des espèces et des sous-espèces, nous contentant de renvoyer sur ce point à l'ouvrage en question, dans lequel on trouvera la justification de notre manière de voir à ce sujet.

La végétation sphagnique de Miquelon est fort riche ; elle ne compte pas moins de 16 espèces et sous-espèces, comprenant plus de 50 variétés ou formes notables. Les conditions climatériques de l'île étant très favorables à la végétation des Sphaignes, celles-ci se multiplient d'une façon prodigieuse et envahissent tellement les tourbières, qu'elles semblent y étouffer toute autre végétation bryologique : c'est sans doute à cette cause qu'il faut attribuer la rareté des *Harpidia* à Miquelon.

Parmi les 20 espèces et sous-espèces de Sphaignes communes à l'Europe et à l'Amérique septentrionale, 4 seulement manquent à Miquelon : ce sont les *S. laricinum* SPRUCE et *S. Wulfianum* GIRG., *S. affine* REN. et CARD., (2), *S. molle* SULLIV. ; mais il ne faut pas désespérer de trouver encore quelques-unes de ces espèces ou sous-espèces à la suite de nouvelles recherches.

Le *Sph. Angstroemii* HARTM., qui est propre au nord de l'Europe ne se rencontrera probablement pas à Miquelon ; on peut en dire autant de deux types spécialement américains, le *S. Portoricense* Hampe et le *S. macrophyllum* BERNH., qui appartiennent à la flore subtropicale des États du Sud et ne dépassent pas vers le nord le New-Jersey, par le 40me degré de latitude.

Parmi les Sphaignes de Miquelon, on peut presque considérer comme un type américain le *S. Pylaiei* BRID., qui n'existe en Europe que dans deux localités de le péninsule armoricaine, où il est représenté par des formes incomplètement développées. Le *S. Lindbergii* SCH. est une espèce du nord des deux continents ; si en Europe on l'a rencontrée jusqu'en Styrie, c'est seu-

---

(1) *Les Sphaignes d'Europe, révision critique des espèces et étude de leurs variations*, par Jules Cardot, Gand, 1886, 1 vol. in 8, 120 p. et 2 pl. (Extrait des Bulletins de la *Société royale de botanique de Belgique*, t. XXV, 1re partie). — On peut consulter également : *Révision des Sphaignes de l'Amérique du Nord*, du même auteur, Gand, 1887, brochure in 8, 23 p. (Extrait des Bulletins de la *Soc. royale de bot. de Belg*. t. XXVI, 1re partie).

(2) Cette plante a été tout récemment reconnue par M. Warnstorf sur un échantillon récolté en Angleterre, dans le Cheshire, par M. Holt.

lement grâce à une altitude de plus de 1,800 mètres. Le *S. Austini* Sulliv., qui paraît également chez nous plus particulier aux régions septentrionales, ne montre pas la même tendance dans l'Amérique du Nord, où il descend jusqu'en Louisiane, sans présenter de variations notables.

Si nous en jugeons par le nombre des échantillons de chaque espèce figurant dans la collection qui a servi de base à ce travail, la quantité de dispersion des espèces serait à peu près la même à Miquelon qu'en Europe, sauf pour le *S. subsecundum*, qui, chez nous, vient immédiatement en seconde ligne, après le *S. acutifolium*, pour l'abondance des individus, tandis qu'il semble assez pauvrement représenté à Miquelon, et pour le *S. Pylaiei*, qui est au contraire assez abondant à Miquelon, tandis qu'il existe à peine en Europe.

Si maintenant nous envisageons la végétation sphagnique de Miquelon au point de vue des variations que présentent les différentes espèces, ce qui nous frappe tout d'abord, c'est la présence de deux formes tout à fait spéciales à cette île : *S. acutifolium* var. *flavicomans* Card. et *S. cuspidatum* var. *miquelonense* Ren. et Card. : ces deux magnifiques formes sont abondantes et constituent, avec le *S. recurvum* var. *pulchrum* Lindb., l'élément le plus brillant de la flore sphagnologique. Il faut signaler aussi, parmi les formes caractéristiques, toute une série de formes noirâtres ou d'un brun livide, qui sont dues peut-être à des conditions spéciales d'habitat, telles que des alternatives d'immersion et d'émersion ; ce sont les suivantes :

S. cymbifolium var. *atroviride* Schliephr.

S. medium var. *congestum* f. *lividum* Card.

S. papillosum f. *livens* Card.

S. subsecundum f. *livens* Card.

S. Pylaiei f. *nigrescens* Brid.

S. acutifolium var. *flavicomans* f. *lividum* Card.

Le *S. Lindbergii* revêt aussi très fréquemment une teinte noirâtre.

Parmi les autres formes caractéristiques par leur abondance, nous indiquerons surtout les var. *tenellum* Sch. et *fuscum* Sch. du *S. acutifolium*. Par contre, on sera frappé de l'absence complète des formes macrophylles et isophylles du *S. subsecundum*, appartenant aux var. *contortum* Sch., *viride* Boul. *fluitans* Grav., et *obesum* Wils., et de la rareté de la var.

luridum HÜB. du *S. acutifolium*, qui est remplacé par la **var.** *flavicomans*.

GROUPE I. — **Sphagna cymbifolia.**

Sphagnum cymbifolium (Ehrh.) HEDW. — Abonde dans toutes les tourbières de l'île.

Var. *laxum* WARNST. — Grande Miquelon.

Var. *brachycladum* WARNST. — Entre le pré et les buttes dites « à Larralde ».

Les formes de transition entre ces deux variétés et entre la var. *brachycladum* et la suivante ne sont pas rares.

Var. *compactum* SCHLIEPH. et WARNST et la forme *deflexum* SCHLIEPH. — Grande Miquelon.

Var. *fuscescens* WARNST. — Grande Miquelon.

Var. *atroviride* SCHLIEPH. — Grande Miquelon.

S. MEDIUM Limpr.

Var. *purpurascens* WARNST. — Plaine tourbeuse à l'est de la colline du Chapeau.

Var. *congestum* SCHLIEPH et WARNST. F. *purpureum* WARNST. — C. Plaine tourbeuse entre le ruisseau Bibito et les buttes à Larralde; entre les buttes à Sonjean et aux Outardes.

F. *lividum* CARD. — Touffes noirâtres dans le haut.

S. PAPILLOSUM Lindb. — Tourbières du Cap blanc. C,

F. *livens* CARD. — Plante d'un brun livide.

Var. *confertum* LINDB. — Plaine du ruisseau Bibite C.

S. AUSTINI Sulliv. — Abondant à la Tourbière de l'Anse C.

Var. *laxum* RŒLL. f. *squarrosulum* REN. et CARD. — Forme verte, lâche, très molle, à feuilles raméales squarreuses. Sur nos échantillons, les cellules hyalines inférieures seules présentent des crêtes membraneuses, d'ailleurs peu développées; les autres cellules en sont totalement dépourvues; c'est donc une transition vers le *S. affine* Ren. et Card.

Var. *imbricatum* LINDB. — C., dans les plaines tourbeuses auprès du Bec, à l'ouest du Cap Miquelon.

GROUPE. II — **Sphagna truncata.**

S. rigidum SCH.

Var. *squarrosum* RUSS. — Grande Miquelon.

Var. *compactum* SCH. — Plaines entre le ruisseau de la Carcasse ouest, la butte d'Abondance et les collines qui lui font suite dans la direction sud

GROUPE. III. — **Sphagna subsecunda.**

S. tenellum. EHRH. — *S. molluscum* BRUCH. — Abondant et fertile dans une plaine entre les étangs de Mirande et de Miquelon. Peu répandu à Miquelon.

S. subsecundum N. v. Es. — Abondant mais peu répandu. Plaines tourbeuses entre le grand étang de Miquelon et l'étang de Mirande ; Tourbières du Cap blanc.

F. *livens* CARD. — Plante d'un brun noirâtre. Tourbières du Cap blanc.
Var. *intermedium* WARNST. — Tourbières du Cap blanc.

S. Pylaiei BRID. — Abonde dans l'île, presque toujours submergé. Mares entre la route du phare et l'étang du Cap blanc ; mares au nord de la route des Cabanes de l'ouest ; entre la route du phare et les Anses de l'ouest etc.

F. *nigrescens* BRID. — Touffes noires à la surface. On trouve encore une forme à reflet rougeâtre (forma *rubrum*) et une autre de teinte plus ou moins verte (forma *viride*) ; la forme *nigrescens*, plus fréquente que les deux autres, repose constamment sur des fonds tourbeux ; la forme *rubrum* se trouve parfois sur les pierres, au milieu des mares et est plus fréquente que la forme *viride*. Ces trois formes sont souvent réunies dans le même lieu.

GROUPE. IV. — **Sphagna acutifolia.**

S. teres ANGSTR. — La grande Miquelon, sans indication de localité, paraît rare.

S. squarrosum PERS. — Bords d'un filet d'eau descendant d'un morne du Cap Miquelon pour se jeter dans un étang de la vallée de la Cormorandière ; anse de la Roncière AR.

S. fimbriatum WILS. — Abondant dans les tourbières du Cap Miquelon, mais paraît peu répandu ailleurs.

S. acutifolium EHRH.

Var. *luridum* HüB. — (*S. subnitens* RUSS. et WARNST.) — Cap Miquelon et vallée autour du lac. AR.

Var. *flavicomans* CARD. — Magnifique forme, très robuste ; touffes assez denses, profondes, d'un blond pâle ou doré. Feuilles caulinaires grandes, nombreuses, allongées, rétrécies au sommet, tronquées et denticulées à la pointe, fréquemment fibreuses et poreuses dans le haut. — La coloration si remarquable de cette forme en fait une des plus belles Sphaignes connues, Elle paraît très constante, et bien qu'elle croisse fréquemment en mélange avec d'autres formes de l'*acutifolium*, jamais nous ne l'avons vu présenter de transitions vers l'une ou l'autre de ces formes.

Abonde dans les tourbières du Cap Blanc, et presque partout dans l'île, soit dans les plaines, soit sur les hauteurs, dans les dépressions qui séparent les sommets des mornes.

F. *minus* CARD. — Plante moins vigoureuse; rameaux plus courts, étalés.

F. *lividum* CARD. — Touffes d'un brun livide ou noirâtre.

Var. *deflexum* SCH. — assez fréquent.

Var. *gracile* RUSS. — (*S. Warnstorfii* RUSS.) — Assez fréquent.

Var. *elegans* BRAITHW. — Paraît peu fréquent.

Var. *capitatum* ANGSTR. — Paraît peu fréquent.

Var. *purpureum* SCH. — Assez fréquent.

Var. *rubellum* RUSS. — Paraît assez rare.

Var. *tenellum* SCH. — (*S. tenellum* KLINGG.) — Commun et d'un développement luxuriant.

Var. *congestum* GRAV. — Paraît peu fréquent.

Var. *fuscum* SCH. — (*S. fuscum* KLINGG.) Commun. Tourbières de l'Anse et plusieurs autres localités de la grande Miquelon.

F. *strictum* WARNST. — Tourbières de l'Anse.

De même que la var. *flavicomans*, la var. *fuscum* est très constante et ne présente que bien rarement des transitions vers d'autres formes.

Var. *robustum* RUSS. — (*S. Russowii* WARNST.) (1). — Paraît assez fréquent, ainsi que la forme *poecilum* RUSSOW (in litt.).

S. GIRGENSOHNII RUSS. CC. — Près du ruisseau du Chapeau, etc.; fréquent à la grande Miquelon sous les diverses formes énumérées dans la note ci-dessous (2).

Var. *gracilescens* GRAV. — Grande Miquelon, sans indication de localité.

Var. *strictum* RUSS. — Près du ruisseau du Chapeau.

---

(1) M. Warnstorf, qui a eu l'obligeance d'examiner nos Sphaignes de Miquelon et de vérifier toutes nos déterminations, nous signale encore deux autres variétés de l'*acutifolium*, dont nous ne connaissons malheureusement que les noms : ce sont les var. *pallescens* WARNST. et *versicolor* WARNST. — Nous devons dire aussi que le célèbre sphagnologue allemand, de concert avec M. Russow, élève maintenant au rang d'espèces plusieurs des variétés du *S. acutifolium*. Ne sachant pas encore sur quoi reposent ces nouvelles créations, il nous est impossible de les discuter et nous avons dû nous contenter de les indiquer en synonymes. Elles seront d'ailleurs décrites dans une nouvelle monographie que prépare M. Warnstorf et qui paraîtra prochainement. Ajoutons que si l'on peut critiquer sur certains points les opinions actuelles du savant sphagnologue, on ne doit du moins le faire qu'avec toute la réserve et tout le respect que commandent son grand savoir et sa longue expérience.

(2) M. Russow, qui a examiné les formes du *S. Girgensohnii* de Miquelon, y a reconnu de nombreuses variétés inédites, qui nous sont inconnues; ce sont les var. *spicatum*, *cristatum*, *stachyodes*, *spectabile* et *Koryphæum*. Nous ignorons sur quels caractères elles sont établies et nous ne pouvons à ce sujet que renvoyer le lecteur aux travaux qui seront publiés ultérieurement par MM. Russow et Warnstorf.

Groupe V. — **Sphagna undulata.**

S. Lindbergii Sch. Var. *robustum* Limpr. — En beaux et robustes échantillons dans un sillon inondé situé au milieu d'une plaine à 500 mètres au nord des Cabanes de l'Anse à Trois pics. — Abondant.

S. recurvum PB. Type (Var. *majus* Angstr.). — Tourbières du Cap Miquelon, dans la vallée des Terres rouges ; Calvaire.

Var. *patens* Angstr. — Mares situées dans les tourbières entre le ruisseau de la Carcasse ouest, la butte d'Abondance, la butte à Sonjeau d'une part, et le grand Étang de Miquelon d'autre part.

Var. *pulchrum* Lindb. — Magnifique forme, d'un jaune doré. Husnot, *Musci Galliae*, n° . Abonde dans les tourbières du Cap Blanc. Mare près de l'embouchure du ruisseau du Chapeau ; près du grand étang de Miquelon. CC.

Var *robustum* Limpr. — (Var. *obtusum* Warnst.). — Dans un petit cours d'eau situé entre l'embouchure du ruisseau du Chapeau et la pointe sud de l'étang du même nom. CC.

S. cuspidatum Ehrh.

Var. *falcatum* Russ. — Mares presque desséchées en juillet, situées autour des étangs compris entre Pousse-Trou et le ruisseau de la Carcasse ouest. CC.

Var. *miquelonense* Ren. et Card. — Plante très vigoureuse, un peu raide. Épiderme de la tige en 2 ou 3 couches très distinctes. Feuilles caulinaires grandes, largement triangulaires, pointues, généralement fibrillées dans le haut. Feuilles raméales largement ovales-lancéolées ou lancéolées-subulées, lâchement imbriquées ou falciformes-homotropes, souvent un peu ondulées aux bords à l'état sec ; pores peu nombreux. Rameaux courts, épais, densément feuillés, étalés, ordinairement très rapprochés. — Cette belle variété présente diverses formes, dont plusieurs établissent des transitions vers les var. *robustum* Limpr. et *riparium* Lindb. du *S. recurvum* : ce sont des plantes moins robustes, plus molles et plus lâches, à feuilles caulinaires très largement triangulaires (souvent aussi larges que longues), obtuses, sans fibres, souvent un peu lacérées au sommet, à épiderme caulinaire parfois indistinct. Cette variété *miquelonense* a été publiée par erreur sous le nom de var. *majus* Russ. dans les *Musci Galliae exsicc.* de M. Husnot (n° 793).

CC. Terrains inondés, mares d'eau près du ruisseau Blandin ; tourbière du Cap blanc ; entre le Calvaire et la route de l'Ouest ; mares entre la Carcasse Ouest et l'Anse de la Roncière ; auprès du ruisseau du Chapeau près de son embouchure ; mare voisine de la grande Coupée près de la route.

HÉPATIQUES

On peut appliquer aux Hépatiques de Miquelon ce que nous avons dit des Mousses. Sur 37 espèces signalées, deux seulement sont spéciales à l'Amérique ou du moins extra-européennes : *Mastigobryum denudatum* TORREY et *Frullania Grayana* MONT. et deux spéciales aux régions du Nord ; *Odontoschisma denudatum* DUM. et *Aneura latifrons* LINDB. Les autres se retrouvent dans la zone subalpine des montagnes de la plus grande partie de l'Europe et plusieurs même au-dessous de ce niveau, partout où une humidité suffisante favorise la formation des tourbières.

L'île de Langlade ayant été explorée moins complètement que Miquelon, il est probable que des recherches ultérieures augmenteront notre liste de quelques espèces surtout de celles à cachet boréal.

En revanche, nous citerons les *Jungermannia subapicalis* NEES, *J. fluitans* LINDB. et *Aneura latifrons* LINDB. comme nouveaux pour l'Amérique. On pourrait y joindre *Sarcoscyphus sphacelatus* CARRINGT. qui ne figure qu'avec un point de doute dans le « *Catalogue of Musci and Hepaticæ of North America* » de Miss. Cummings et qui a sans doute été méconnu.

M. Stephani a bien voulu se charger de l'étude de nos Hépatiques de Miquelon, nous lui offrons tous nos remerciements, pour l'obligeance qu'il nous a témoignée à cette occasion, dans un moment où il est absorbé par la révision des Hépatiques de la zone tropicale.

Sarcoscyphus emarginatus EHRH. — Abondant sur les pierres complètement inondées des eaux courantes. Ruisseau de l'anse à la Vigne près du cap Miquelon. Tiges parfois très longues. — C'est probablement la var. *aquatilis* NEES.

Sarcoscyphus sphacelatus CARRINGT. — Mares desséchées dans les plaines tourbeuses au Nord des cabanes de l'Ouest. C.

Scapania undulata DUM. Sur les pierres submergées du ruisseau de l'anse à la Vigne ; au Calvaire à l'ombre des roches. C.

Scapania nemorosa DUM. — Sous les arbres nains qui bordent les ruisselets des plaines. C.

Scapania umbrosa DUM. — Sur un tronc pourri à Miquelon.

Jungermannia albicans L. — Miquelon, sans indication de localité.

J. Taylori Hook. — Bruyères humides, tourbeuses au Calvaire et ailleurs dans les tourbières. C.

J. subapicalis Nees. — Sur les pierres humides, rive gauche du ruisseau du Renard. C. Aussi sur les écorces, sur le bord des ruisseaux, à Langlade.

J. inflata Hudson. — Abonde à Miquelon et à Langlade dans les tourbières et les bruyères humides. Morne du Chapeau ; plateau du cap Miquelon, ruisseau de l'anse à la Vigne ; plaine entre l'anse aux Warys et la grande anse ; près du ruisseau du Renard etc. CC.

J. fluitans Lindb. — Flotte dans les mares entre le ruisseau et le morne du Chapeau. C.

J. Mülleri Nees. — Mélangé au *Cephalozia bicuspidata :* anse de la Roncière ; bords du ruisseau de l'anse à la Vigne. R.

J. barbata. Schreb. — Troncs pourris à Miquelon et à Langlade.

J. incisa Schrad. — Troncs pourris à Miquelon, avec *Lepidozia reptans*, et à Langlade.

J. setacea Web. — AC. Sur les troncs pourris : Miquelon et Langlade.

J. trichophylla L. — AC. Sur les troncs pourris à Miquelon.

Cephalozia catenulata Hubn. — Sur les troncs pourris : pentes du Calvaire. AC.

Cephalozia bicuspidata L. — Fréquent à Miquelon et à Langlade, sous le couvert des bois ou au pied des arbres nains ; anse de la Roncière, etc.

Cephalozia multiflora Spruce (non Lindb.) — Troncs pourris et sous les arbres nains, anse de la Roncière ; grande anse de Langlade etc., paraît commun.

Liochlaena lanceolata Nees. — Lieux humides à Miquelon ; sur les écorces à Langlade.

Odontoschisma sphagni Dum. — Dans les touffes de Sphagnum à la grande Miquelon. Probablement commun.

Odontoschisma denudatum Dum. — Sur les troncs pourris avec *Cephalozia catenulata*, pentes du calvaire. AR.

Lophocolea heterophylla Dum. — Sur les troncs pourris à la grande Miquelon et à Langlade. AR.

Harpanthus scutatus SPRUCE. — Sur les troncs pourris à la grande Miquelon et à Langlade. AC.

Chiloscyphus polyanthus CORDA. — Sur les pierres du ruisseau de l'anse à la Vigne.

Geocalyx graveolens NEES. — Autour du lac (cap Miquelon), avec *Webera nutans*. AR.

Calypogeia trichomanis CORDA. — Sur les troncs pourris et sur la terre, pentes du Calvaire; plateau près du cap à Paul, etc., paraît commun.

Lepidozia reptans DUM. C. — Sur les troncs pourris à Miquelon et à Langlade; sur une roche près de l'origine du ruisseau du Renard.

Mastigobryum trilobatum NEES. — Abonde dans toutes les parties humides de Miquelon et de Langlade.

Mastigobryum denudatum TORREY. — Miquelon, sans indication de localité. Espèce spéciale à l'Amérique.

Trichocolea tomentella DUM. — Sur la terre aux bords d'un filet d'eau descendant d'un morne près du cap Miquelon; grande anse de Langlade. Rare.

Ptilidium ciliare NEES. — Abonde partout à Miquelon et à Langlade, sous diverses formes. C'est une des Hépatiques les plus communes de l'île.

Radula complanata DUM. — Sur un tronc à Miquelon. Nous n'avons reçu qu'un seul échantillon de cette espèce et nous ignorons son degré de fréquence.

Lejeunia serpyllifolia LIBERT. — Sur les troncs pourris. AC. à Miquelon et à Langlade.

Frullania tamarisci DUM. Au pied des roches isolées à l'Ouest du Chapeau; troncs d'arbres de la ferme Cuquemel au petit barachois de Langlade. C.

Frullania Grayana MONTG. — Espèce américaine assez fréquente sur les troncs d'arbres de Langlade, notamment près de la grande anse.

Pellia epiphylla CORDA. — Bord des sources et des petits ruisseaux. Paraît AC. à Miquelon : ruisseau de l'anse à la Vigne.

Aneura latifrons LINDB. — Grande Miquelon. Reçu un seul échantillon sans indication de localité. Espèce spéciale aux régions du Nord.

LICHENS

L'étude des Lichens récoltés par M. Delamare a d'abord été confiée au Dr Viaud Grand-Marais (1) ; puis le Dr Arnold a bien voulu se charger d'en faire une révision générale et en a publié une liste succincte dans la *Revue mycologique* de M. Roumeguère (n° 35). Nous ne pouvons que renvoyer le lecteur aux mémoires originaux que l'éminent lichénologiste a déjà publiés ou publiera sur ce sujet. Le Dr Delamare a communiqué aussi, au Muséum de Paris, des Lichens de Miquelon qui ont été étudiés par M. l'abbé Hue et parmi lesquels se trouvent quatorze espèces à ajouter à nos listes, mais que nous ne pouvons pas y faire figurer, n'en connaissant pas les noms. Ceux-ci paraîtront dans le *Bulletin* de la Société botanique de France. M. le comte de Saint-Phalle, ex-gouverneur de Miquelon, a distribué quelques Lichens de la colonie dont les déterminations sont dues à M. Nylander. Nous y relevons quatre espèces non signalées par M. Delamare.

Notre ami Flagey et M. l'abbé Hue ont bien voulu nous fournir des renseignements sur la distribution géographique des espèces.

D'après M. Flagey, si les grandes espèces à thalle foliacé ou fruticuleux sont assez bien représentées dans l'énumération suivante, il est à supposer que beaucoup de *Lecideæ*, *Verrucariæ*, *Graphideæ*, etc., ont échappé à l'observation et que nos listes pourront être sensiblement augmentées à la suite de nouvelles recherches.

Le caractère de la flore, tel qu'il résulte des espèces signalées jusqu'à présent, a la plus grande analogie avec celui de la zone subalpine des montagnes siliceuses de l'Europe, avec quelques espèces américaines, boréales et maritimes en plus. Nous avons fait la même remarque au sujet des Mousses et des Hépatiques, et il y aura lieu de distinguer les mêmes catégories d'espèces.

---

(1) M. le Dr Viaud Grand-Marais s'est aidé du concours du regretté Lamy de la Chapelle et quelques uns des types ont été vus par M. Nylander.

La proportion des espèces spéciales à l'Amérique, ou du moins extra-européennes, ne paraît pas plus forte pour les Lichens que pour les Mousses. Les espèces ou formes boréales paraissent en revanche plus nombreuses. On peut citer notamment parmi celles-ci :

Alectoria nidulifera.	Parmelia stellaris *subspecies* marina.
Ramalina minuscula.	Nephroma arcticum.
Platysma lacunosum.	Physcia scopularis.
Platysma ciliare.	Hæmatomma ochrophæum.
Imbricaria saxatilis *forma* fraudans.	Pertusaria panyrga.
Imbricaria centrifuga.	Pertusaria dactylina.
Imbricaria olivacea.	Pertusaria glomerata.

Les autres Lichens de Miquelon sont cosmopolites ou se retrouvent dans les montagnes subalpines ou alpines de l'Europe moyenne et descendent à des niveaux plus ou moins bas suivant les régions. Il y a toutefois quelques particularités à noter. Ainsi, tandis qu'en Europe la forme cosmopolite du *Stereocaulon coralloides*, végétant en plaine et le *Stereocaulon alpinum*, propre à la Laponie, à la Norvège alpine et aux sommets du Mont-Blanc, ont leurs stations séparées par de grandes différences d'altitude, à Miquelon elles croissent côte à côte. Il est aussi à noter que certaines espèces telles que *Sphærophorus fragilis* et *Physcia aquila*, franchement alpines loin de la mer, s'abaissent jusqu'à son niveau sur les rochers maritimes. Cette dernière espèce atteint même le littoral de l'Algérie.

A Miquelon les sommets rocheux des Mornes, très pauvres en Mousses et en Hépatiques, sont au contraire, riches en Lichens saxicoles. Ceux-ci ne redoutent pas, comme les Mousses, la violence des vents et beaucoup d'espèces se plaisent même sur les sommets dénudées et sans abri.

Collema flaccidum Ach. — Miquelon (Collection Saint-Phalle).

Usnea barbata. *Lichen floridus* L. — CC. Écorces de Langlade où elle atteint une longueur de 0,30 cent., bois mort, pierres.

Usnea microcarpa Arn. — CC. Branches d'arbres des deux Miquelon, Sylvain, Cap Vert, presqu'île Bellevaux.

Alectoria sarmentosa Ach. — Plante vigoureuse stationnant à terre sur les monticules secs et caillouteux. Buttes de Pousse-Trou, Butte à Sonjean. CC.

Alectoria ochroleuca Ehrh. — CC. A terre; plaines humides et côteaux situés entre le Chapeau et le Grand-Étang.

Alectoria nigricans Ach. — CC. Plateau tourbeux faisant suite vers le sud à la Butte d'Abondance.

Alectoria jubata L. — CC. A terre dans les parties montagneuses de l'île; Chapeau, sur les branches d'arbres, bords du ruisseau Sylvain.

Alectoria nidulifera Norrl. — A terre; rare dans les endroits humides ; plus commun dans les lieux secs et pierreux couverts d'une légère couche d'humus ; plaine entre le Grand-Étang et le ruisseau de la Carcasse ouest.

Ramalina cuspidata Ach. — Peu commun. Sur les pierres aux environs du Cap Blanc, vit aussi sur les écorces des vieux sapins des bords du ruisseau de la Carcasse est.

Ramalina farinacea L. — Commun, même habitat que le précédent.

Ramalina minuscula Nyl. — CC. Sur les pierres; à terre dans la plaine de Miquelon ; clôtures des prairies composées de sapins décortiqués; sur les écorces près du ruisseau Sylvain où il fructifie remarquablement.

Stereocaulon coralloides Fr. — CC. Pierres schisteuses, principalement rochers granitiques du Calvaire; plaines entre le ruisseau de la Carcasse ouest et les Mornes.

Stereocaulon tomentosum Fr. — CC. Souvent mêlé au *S. denudatum* sur les pierres. Versant N.-O. des Mornes de Mirande. Se trouve aussi à terre.

Stereocaulon paschale L. — Miquelon (Collection Saint-Phalle).

Stereocaulon alpinum Laur. — CC. Stérile; pente ouest du Calvaire: sillons de la plaine de Miquelon où il forme dans les endroits humides (une partie de l'année) des taches blanches cespiteuses.

Stereocaulon denudatum Fl. — CC. Pierres humides en société du *S. coralloides*, bords du Grand-Étang; plaines de chaque côté des routes de l'ouest; très abondant dans les plaines comprises entre les petits affluents du ruisseau de la Carcasse.

Stereocaulon pileatum Ach. — Le moins commun des *Stereocaulon* de l'île ; pierres sur le bord S.-E du Grand-Étang et autour du Gros Morne.

Pilophorus cereolus Ach. — Rare. Vu une seule fois sur une roche située dans le pré Granjean. « Capitula albo-leprosa, planta rarior cum spermogonis atris apice podetiorum impositis; cephalodia fusca apud thallum ». Arnold, *in litt.*

Sphærophorus coralloides L. — CC. Stérile à terre; sommet du Chapeau; fertile et de proportions magnifiques sur les arbres de la ferme Cuquemel (petit Barachois de Langlade).

Sphærophorus fragilis L. — CC. à terre, stérile; plaines tourbeuses au sud du Grand-Étang, sommet du Calvaire, plaine de Miquelon. — Sur les pierres, stérile.

Cladonia rangiferina L. — Le plus commun de tous les Lichens de l'île avec *Cl. silvatica*; l'île entière en est couverte dans les plaines et sur les hauteurs. Formes nombreuses f. *gigantea* dont les podétions atteignent 20 cent., *f. axillaris*, etc. Une variété moins commune « *adusta* » forme dans les plaines tourbeuses de larges plaques cespiteuses, violettes par la réunion de ses sommets colorés; ses podétions ont une longueur moyenne de 6 cent., sont blancs et très entrelacés.

Le *Cl. rangiferina* est recherché pendant l'hiver à Terre-Neuve par le *Cervus tarandus*, variété de Renne désignée à Terre-Neuve sous le nom de « *Cariboo* ».

Cladonia silvatica L. — Même fréquence et même station que le précédent; la sous-espèce *alpestris* L. (formes *pumila* et *sphagnoides* de Nylander) quoique très abondante, est moins commune que le *Cl. rangiferina*.

Cladonia uncialis L. — CC. forme *biuncialis* H. entre le ruisseau de la Carcasse ouest et les petites buttes de Pousse-Trou; forme *turgescens* Fr. dans les terrains secs, sommet du Calvaire, plaine du bourg de Miquelon, au pied des piquets des prés, etc.

Cladonia lacunosa Del. — CC. Sur la terre; plaine tourbeuse entre le Grand'Étang et les deux ruisseaux est et ouest de la Carcasse; très vigoureux autour de la butte d'Abondance. Espèce américaine. On en obtient par une ébullition prolongée une tisane de consistance sirupeuse excellente contre la bronchite.

Cladonia costata. — Terrains secs, Chapeau.

Cladonia digitata L. — Terrains secs. Assez commun.

Cladonia deformis L. — A terre; plaine de la Terre

Grasse ; entre le ruisseau des Goëliches et les mornes de Sylvain; entre le ruisseau de la Carcasse O. et la butte à Sonjean.

Cladonia cristatella Tuck. — Sur la terre, dans les terrains secs; peu commun. Espèce américaine.

Cladonia bacillaris Ach. — Terrestre et corticicole. Versant nord du Chapeau. Peu commun.

Cladonia coccifera L. — Même habitat que le précédent. C.

Cladonia squamosa Hoffm. — AC., A terre parmi les Vacciniées, dans la plaine située entre la route et l'étang du Cap Blanc. Forme *asperella* Fl., sur les écorces près du ruisseau du Renard ; forme *racemosa foliolosa* Hoffm., commun à terre dans les mousses; *turfacea* Rehm.

Cladonia cenotea Ach. — AC. Sur les sapins le long du ruisseau du Renard, aussi sur les pierres voisines de sa rive gauche, là où elles sont recouvertes d'un peu d'humus.

Cladonia furcata Huds. — C. Sur la terre à l'abri des broussailles sous diverses formes : f. *subulata* L. f. *fissa* Fl. avec des podétions élevés, fendus en long; f. *racemosa*, f. *corymbosa*, enfin f. *squamulosa* dont Arnold nous dit dans une lettre : Certe nova varietas, planta habitu tenuior formæ squamulosæ Schw. proxima, sed minus robusta.

Cladonia gracilis L. — CC. Sapins du petit Barachois de Langlade, var. *chordalis* Fl, sur une petite butte en face des cabanes de pèche de Pousse-Trou ; var. *hybrida* Hoff. Calvaire ; var. *macroceras* Fl. CC. toujours à terre dans les lieux ombragés, humides, Cap Blanc, butte d'Abondance ; var. *amaura* Fl. au milieu des touffes de *Racomitrium lanuginosum*.

Cladonia verticillata Hoffm. — CC. Terre sèche et nue ; plaines entre la Terre Grasse et le Caillou Blondin ; entre les mornes de Sylvain et le ruisseau des Goëliches; bords du ruisseau de la Carcasse est, près de la Cabane à Granjean. La forme *phyllophora* Fl. est la moins commune.

Cladonia ochrochlora Fl. — C, parmi les *Empetrum* sur les vieux troncs d'arbres avec les formes *fibula* H. et *ceratodes* Fl.

Cladonia pyxidata L. — C. à terre et vieux troncs d'arbres. Revers sud du Chapeau, bords du Grand Étang.

Cladonia chlorophæa L. — C. Pente nord du Chapeau ; bord du Grand Étang ; Pousse-Trou.

Cetraria islandica form. *crispa* Ach. — A terre, plaines tourbeuses situées entre le Grand-Étang d'une part, le Chapeau, la butte aux Outardes, la butte à Sonjean, d'autre part ; plaine tourbeuse derrière les maisons de l'anse de Miquelon ; rarement en touffes, mais individus isolés et mêlés au *Cl. rangiferina.*

Cornicularia aculeata Schreb. — CC. Sur la terre nue ; sommet du Chapeau, le plus souvent stérile, fructifié dans les mousses du plateau tourbeux qui fait suite, dans le sud, au Grand Étang. Différentes formes, parmi lesquelles la f. *muricata* dans les touffes de *Racomitrium lanuginosum.*

Platysma pinastri Scop. — R. Stérile, sapins sur le bord du ruisseau de la Carcasse ouest ; pierres le long du ruisseau du Renard à un kilomètre de son embouchure.

Platysma lacunosum Ach. — Terrestre au Calvaire, saxicole près du sommet du Chapeau, corticicole sur les sapins nains de Pousse-Trou, bois de Langlade. Plus souvent à terre que partout ailleurs.

Platysma glaucum L. — CC. à terre sur les hauteurs du Cap Miquelon ; sur les pierres à la butte à Sonjean ; aussi la forme *fuscum* Fl.

Platysma ciliare Ach. — C. Sur les écorces ; ferme Cuquemel et Belle Rivière de Langlade ; se trouve aussi sur les pierres.

Imbricaria saxatilis L. — CC. Sur tous les points de l'île ; la forme *furfuracea* Schær., souvent fertile sur les pierres humides entre le Cap Blanc et la route du phare, à la butte aux Truites. La sous-espèce *sulcata* se trouve en abondance sur les bardeaux des vieilles maisons et les branches de l'*Abies canadensis*. Il faut noter encore la forme *fraudans* Nyl. L'*Imbricaria saxatilis* fructifie sur l'écorce des bouleaux de Langlade. Est employé dans le pays pour obtenir, par ébullition, une teinture brune passable.

Imbricaria physodes L. et *forma labrosa* Ach. CC. un peu partout sur les pierres et les écorces.

Imbricaria centrifuga L. — C. Roches au voisinage de la grosse butte et parasite sur le *Gyrophora Mühlenbergii.*

Imbricaria olivacea Nyl. — CC. Écorces des sapins ; presqu'île ; Cap aux Corbeaux (Langlade).

Parmelia vittata Ach. — Miquelon (Collection Saint-Phalle).

Parmelia stellaris L. — CC. Roches aux bords de l'étang de Mirande, de l'anse à la Vierge (Cap) près de la mer.

Parmelia incurva Pers. — AR. Saxicole. Sur les roches des mornes de Sylvain et sur les flancs du Chapeau, souvent fertile.

Lobaria amplissima Scop. — R. à la grande Miquelon, mais C. dans les bois de Langlade ; écorces des conifères du Cap aux Corbeaux et de la ferme Cuquemel ; bois de Belleveaux.

Sticta aurata Sm. — Bois de la ferme Cuquemel, stérile.

Sticta pulmonaria L. — CC. Stérile à terre, fertile (avec le *Celidium stictarum*) sur les écorces de l'anse à la Vierge à Langlade, de l'anse aux Soldats, du ruisseau *Maquigne* (Pointe-Plate). Apothécies nombreuses ; une forme se rapproche du *Sticta linitoides*.

Stictina scrobiculata Scop. — CC. Sur la terre et les écorces ; ferme Cuquemel, anse aux Soldats, fructifie rarement.

Stictina crocata Nyl. — Mêmes localités que le *Stict. aurata*, mais plus commun.

Nephroma arcticum L. — C. Sur la terre, souvent mêlé au *Peltidea aphthosa* ; plateau du Cap à Paul ; buttes de Bellevaux ; pente sud du Calvaire.

Nephromium lævigatum Ach. — CC. Sur les écorces, surtout de bouleaux, bois de Bellevaux, de la ferme Cuquemel, vieux sapins des plaines de la Terre Grasse. Sur les pierres au pied du Calvaire.

Nephromium lusitanicum Schær. — Même habitat que le précédent.

Peltidea aphthosa L. — CC. Presque toujours stérile sur la terre ; trouvé cependant fertile à terre, entre le ruisseau Tabaron et le Cap à Paul (partie du cap Miquelon); stérile sur les pentes du Calvaire et du Chapeau, parmi les Mousses. Fertile sur les bois de Langlade, notamment ceux de la ferme Cuquemel.

Peltigera canina Fl. — CC. à terre, prairies de Miquelon ; sur les troncs d'arbres de la Belle Rivière où il est fertile.

Peltigera polydactyla Neck. — CC. à terre et sur les troncs d'arbres, mêmes localités que le précédent.

Umbilicaria pustulata L. — CC. avec les variétés *papulosa* Ach. et *pensylvanica* (non *U. pensylvanica* Hoffm). Roches du Chapeau, de Pousse-Trou, de chaque côté des routes de l'ouest, près de la Grosse Butte, autour du phare du Cap Blanc.

Umbilicaria Mühlenbergii Ach. — Un peu moins commun que le précédent; roches du Chapeau, de Pousse-Trou, poudingue ou brèche au pied de la Butte Sonjean.

Umbilicaria polyphylla L. — CC. Les deux précédents vivent souvent en société et forment de larges expansions noires ou grises sur les rochers. L'*U. polyphylla* vit au contraire, le plus souvent isolé, comme le *Gyr. hyperborea.* On le trouve à toutes les hauteurs, Cap Miquelon, bout de l'étang, etc.

Umbilicaria dictiysa Nyl. — Espèce américaine qui s'étend de Terre-Neuve à la Caroline du Nord. Miquelon, sans indication de localité.

Gyrophora hyperborea L. — Le moins commun des *Umbilicaria* de la colonie; pierres au bord de la route de la Grande Anse; entre la butte aux Outardes et l'anse de la Roncière.

Gyrophora proboscidea L. — A peu près partout; vient comme ordre de fréquence après les *Umb. Mühlenbergii* et *pustulata.* Individus isolés.

Coccocarpia plumbea Lghtf. — R. Écorces des sapins de la ferme Cuquemel à Langlade.

Pannaria cæruleobadia Schl. (*conoplea*). — AR. Écorces des bois de la Belle Rivière, mêlé aux *Ulota Drummondii* et *Sticta scrobiculata.*

Pannaria pezizoides Web. — Écorce des sapins de la ferme Cuquemel; var. *brunnea* à l'embouchure du ruisseau des Eperlans dans le Grand Étang. Aussi la forme *nebulosa* Ach.

Xanthoria parietina Ehrh. — CC. Roches granitiques du Cap Blanc et du sentier du Boyau. Aussi sur les branches d'arbres.

Xanthoria candelaria L. — Roches près de la mer aux environs du ruisseau creux.

Physcia scopularis Nyl. — Roches de la pointe sur le bord de la rade de Miquelon; espèce maritime.

Callopisma pyraceum Ach. — C. Bois des bords du ruisseau Sylvain autour du lac aux Outardes.

Blastenia ferruginea Huds. — Écorces des sapins qui forment l'entourage des prairies artificielles.

Placodium stramineum Wbg. — Saxicole. R. Miquelon.

Acarospora fuscata Schrd. — Miquelon, paraît R.

Hæmatomma ventosum L. — Miquelon.

Hæmatomma ochrophæum Tuck. — Miquelon.

Ochrolechia tartarea L. — CC. Sur les rochers (stérile) et sur les écorces (fertile) avec la forme *frigida* Sw. et la sous-espèce *androgyna* Hoffm. La forme *frigida* qui offre de belles fructifications couvre la pente ouest du Calvaire, sur des débris de plantes et de mousses.

Rinodina maiaræa Ach. — Sur les écorces de Langlade; dans les bois de la Belle Rivière.

Rinodina pyrina Ach. — Même dispersion que le précédent.

Rinodida demissa Fl. — Sur les rochers maritimes en société du *Physcia scopularis*; rade de Miquelon; espèce maritime.

Lecanora badia Pers. — CC. Rochers bordant le Grand Étang, rochers du pré Grandjean, de la Pointe sur le bord de la rade.

Lecanora elatina Ach. — Miquelon (collection Saint-Phalle).

Lecanora argopholis Whg. — Un seul échantillon qui, d'après Arnold, est voisin du *L. argopholis*, mais a les spores plus petites.

Lecanora subfusca L. — Abonde partout dans l'ile sous plusieurs formes : *chlorona* Ach. C. sur les écorces dans les bois de la ferme Cuquemel à Langlade, sur les clôtures des prés, etc., *cœlocarpa* Ach. et forme *campestris* Schær; sur les rochers.

Lecanora dispersa Pers. — Miquelon sans indication de localité.

Lecanora polytropa Ehr. — Avec les formes *illusoria* Ach. et *intricata* Schrad.; peu commun; roches près de la Grande Anse.

Lecanora symmictera Nyl. — Sur les écorces, sans indication de localité.

Aspicilia phæops Nyl. — Sur les rochers, sans indication de localité.

Pertusaria panyrga Ach. — Sur les débris de mousses et de graminées. AR. sur les pentes du Calvaire de Miquelon où il se trouve mêlé à terre à l'*Ochrolechia tartarea* v. *frigida;* dans la plaine, entre les ruisseaux du Renard et de la Carcasse ouest, au milieu des touffes de *Sphærophorus fragilis* (Epit. K. — C; *sporæ singulæ maximæ :* Arnold, *in litt.*)

Pertusaria subobducens Nyl. — R. Mêlé au précédent.

Pertusaria dactylina Ach. — Sur les touffes de *Racomitrium lanuginosum* en société du *Megalospora alpina*; plaine de Bellevaux, du ruisseau du Renard. Butte près de l'étang du Chapeau.

Pertusaria glomerata Tuck. (non *Pert. glom.* Ach). — AC. Sur les débris de graminées ou la terre sèche, au milieu des *Empetrum*, souvent mêlé au *Sphærophorus fragilis* dans les touffes de *Racomitrium lanuginosum*. Plaine de Miquelon, Calvaire sur la pente occidentale ; plaine entre les ruisseaux du Renard et de la Carcasse ouest.

Pertusaria lævigata Th. Fr. — Sur les écorces lisses, sans localité.

Icmadophylus aeruginosus Scop. — CC. Sur les touffes de *Sphagnum* ; flancs du Chapeau; colline du Chapeau ; plaine tourbeuse au sud du Grand Étang.

Biatora vernalis L. — Sur les écorces lisses et les rameaux. CC. Bois du Mont Pelé ; Anse à la Vierge à Langlade.

Biatora circumflexa Nyl. — CC. Roches du Calvaire et du Chapeau.

Lecidea tessellata Fl. — CC. Roches du Chapeau « affinis tessellatæ sed sporis tenuioribus 3/10 mm. diversa. KK — medulla + cærulescens, epithecium sordide glaucum, hypoth. incolor, habitus rigidior quam apud tessellatam. » (Arnold, *in litt.*)

Lecidea panæola Ach. Roches rouges du Chapeau (« *leucophææ proxima* » Arnold *in litt.*).

Lecidea auriculata Th. Fr. — CC. Un des Lichens crustacés les plus répandus dans l'île ; mornes en général, pied et sommet du Calvaire ; aussi sur les pierres isolées dans les plaines.

Lecidea platycarpa Ach — Saxicole. Miquelon sans indication de localité, probablement commun.

Lecidea meiospora Nyl. — Même observation.

Lecidea enteroleuca Ach. — Même observation.

Lecidea latipiza Nyl. — Même observation.

Lecidea silvicola Flot. — Même observation.

Lecidea..... — A comparer, d'après Arnold, au *L. superspparsa* Nyl.; parasite sur le thalle du *Lecanora symmictera* Nyl.

Megalospora alpina TH. FR. — CC. Plaine de Bellevaux, du ruisseau du Renard; butte près de l'étang du Chapeau; sur les mousses.

Lopadium pezizoideum ACH. et forme *disciforme* Fl. — Sur les vieilles écorces, sans indication de localité.

Bilimbia cinerea SCHÆR. — Sur les rameaux; sans localité.

Buellia parasema ACH. — Sur les écorces, commun.

Buellia punctiformis HOFF et forme *æquata* ACH. — CC. Sur les pierres.

Catocarpus polycarpus HEPP. — Sans localité.

Catocarpus badioater FL. — Sans localité.

Rhizocarpum geographicum L. — Répandu un peu partout.

Rhizocarpum coniopsoideum HEPP. — Sans localité.

Rhizocarpum boreale ARNOLD. — (Species nova) voisin du *Rhizocarpum grande* Flot.

Sagedia chlorotica ACH. — C. sur les pierres.

Verrucaria maura ACH. — CC. Sur les rochers maritimes « *Verrucaria* (vix) *maura*, benevole admissa, quoad sporas convenit; thallus autem est diversus. Certe varietas propria » (Arnold, *in litt.*).

Nesolechia punctum MASS. — Parasite sur le *Cladonia digitata*.

Phæospora peregrina FLOT. — Parasite sur le *Catocarpus polycarpus*.

Sphinctrina turbinata. — CC. Parasite sur les *Stereocaulon*.

Biatorina stereocaulorum. — CC. Parasite sur les *Stereocaulon*.

Celidium stictarum. — Parasite sur le *Sticta pulmonacea;* abondant.

ALGUES

Nous ne possédons sur les Algues de Miquelon que des documents bien sommaires; aussi nous ne donnons l'énumération suivante qu'à titre de simple renseignement ; la végétation algologique de Miquelon est cependant luxuriante et Gauthier avait déjà fait observer que certaines espèces atteignent dans ces parages des dimensions considérables. Nous-même avons recueilli en 1882 une Laminaire dont la fronde dépassait 3 m. 50 de longueur.

Nous divisons en deux catégories les espèces connues de nous jusqu'à présent à Miquelon : 1° celles citées par Gauthier dans ses ouvrages, 2° celles découvertes par le Dr Delamare.

1° Algues citées par Gauthier et dont plusieurs avaient été recueillies par De la Pylaie (1). Celles retrouvées par le Dr Delamare sont suivies du signe !

Ulva umbilicata !
Ulva lactuca !
Laminaria dermatodea ! De la Pylaie.
— stenoloba ! D. l. P.
— platyloba ! D. l. P.
— longicruris ! D. l. P.
— caperata ! D. l. P.
Alaria esculenta ! D. l. P.
— *var.* platyphylla.
— *var.* tæniata.
Agarum pertusum !
Fucus vesiculosus
— bicornis ! D. l. P.
— fueci D. l. P.
— miquelonensis D. l. P.
— distichus ! D. l. P.
Fucus furcatus ! D. l. P.
Porphyra purpurea.
Chordaria flagelliformis.
Scytosiphum filum.
Halydris nodosa ! D. l. P.
— *var.* gracilis.
— *var.* elliptica.
Desmateria viridis !
— aculeata !
Ptilota plumosa !
Furcellaria fastigiata.
Chondrus crispus.
Rhodomenia cristata !
— palmata !
Corallina officinalis !

2° Algues découvertes à Miquelon par le Dr Delamare. Leur détermination est due à M. Lloyd, le savant auteur de la *Flore de l'Ouest de la France.*

Gracilaria confervoides !
Gymnogongrus plicatus !
Ceramium rubrum !
Rhodomela subfusca !
Solieria chordalis !
Dictyoscyphon fascicularius !
Fucus nodosus !
— vesiculosus !
— ceranoides !
Fucus canaliculatus !
Chorda filum !
Gigartina mamillosa !
Rhodomenia palmata !
Ptilota plumosa !
Polysiphonia fastigiata !
Flustra truncata ! extrait par 25 brasses de fond.

(1) Nous ignorons si les collections du Muséum et le premier fascicule de la *Flora de Terre-Neuve et Miquelon* publié par De la Pylaie fournissent des renseignements plus complets sur les Algues trouvées à Miquelon par cet explorateur.

ADDENDA

* **Rubus strigosus** Michx. — Commun à Miquelon dans les bois de Bellivaux, colline du Chapeau, plaine entre les branches d'origine de la Carcasse Ouest.

Ceratium vulgatum L. — AR. Plaine de Miquelon.

Myriophyllum alternifolium DC. — Bords de l'étang de Mirande, havre de la Terre-Grasse.

Lamium purpureum L. — Lieux cultivés. Introduit.

Atriplex latifolia Wahl. — Lieux cultivés.

Les *Spinacia oleracea* et *Fœniculum vulgare* sont cultivés dans les jardins. Le *Dielytra spectabilis* y résiste aux plus rigoureux hivers.

* **Halenia deflexa** Griseb. — Lieux secs, plaine de Miquelon, colline du Chapeau. — C.

Heleocharis palustris R. Br., **Scirpus pauciflorus** Lightf., **Carex limosa** L., **Carex vulgaris** L., **Carex remota** L. — Dans les marécages de Miquelon.

* **Osmunda Claytoniana** L. — Langlade.

* **Schizea pusilla** Pursh. — Sans indication de localité.

CORRIGENDA

Au lieu de Ranunculus flammula *v.* filiformis, *lisez* R. reptans *v.* filiformis.

— Juncus effusus L., *lisez* Juncus conglomeratus L.

Supprimer les *Swertia corniculata* Mich. et *Alnus glutinosa* Gærtn., ainsi que les points de doute qui suivent les noms de *Abies balsamifera* Michx., *Abies canadensis* Michx. et *Larix americana* Michx.

Sphagnum recurvum, v. *pulchrum* Lindb. Husnot, *Musci Galliæ exsicc.*, n° 792.

Lyon, Association typographique, rue de la Barre, 12. — F. Plan, directeur.

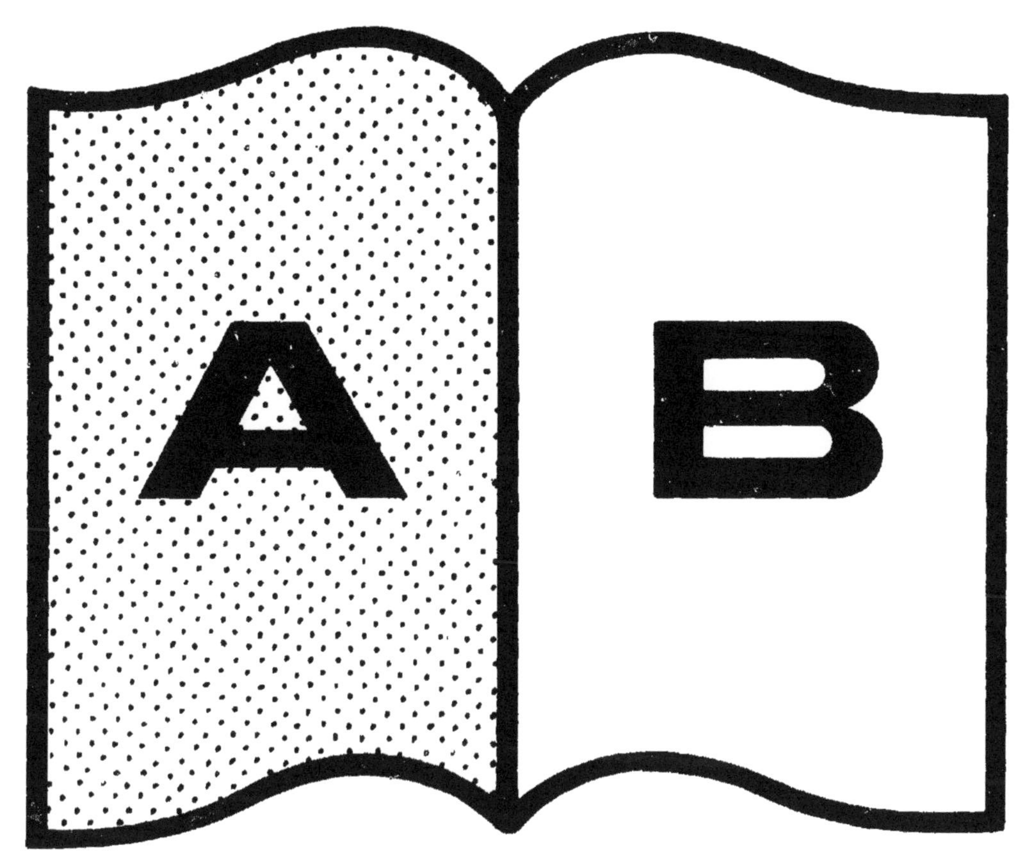

Contraste insuffisant

NF Z 43-120-14

www.ingramcontent.com/pod-product-compliance
Ingram Content Group UK Ltd.
Pitfield, Milton Keynes, MK11 3LW, UK
UKHW021219230726
13926UKWH00003B/1119

9 782013 636636